高等职业教育"十四五"规划教材
辽宁省学徒制建设项目成果教材

宠物美容与护理

薄涛　张涛　主编

U0219408

中国农业大学出版社
·北京·

内 容 简 介

　　本书按照宠物美容与护理的操作流程,将关键技术分解为工作任务来设置教学内容,与行业紧密结合,符合职业成长规律,目的是让一个门外汉成长为一名合格的宠物美容师。本书从熟悉宠物开始,依据不同的宠物品种、骨骼特点及习性,给宠物进行专业到位的清洁护理、修剪造型、包毛染色、服装搭配、立耳断尾、妊娠护理等保健护理,突出了教材的专业性和科学性。全书图文并茂,并配有考核标准、模拟题以及美容护理案例,方便读者学习掌握。

图书在版编目(CIP)数据

宠物美容与护理 / 薄涛,张涛主编. -- 北京:中国农业大学出版社,2022.4(2024.6重印)
ISBN 978-7-5655-2748-7

Ⅰ.①宠… Ⅱ.①薄…②张… Ⅲ.①宠物-美容-高等职业教育-教材②宠物-饲养管理-高等职业教育-教材 Ⅳ.①S865.3

中国版本图书馆 CIP 数据核字(2022)第 046896 号

书　　名	宠物美容与护理			
作　　者	薄涛　张涛　主编			
策　　划	张　玉	责任编辑	张　玉　贺晓丽	
封面设计	郑　川　李尘工作室			
出版发行	中国农业大学出版社			
社　　址	北京市海淀区圆明园西路 2 号	邮政编码	100193	
电　　话	发行部 010-62733489,1190	编辑部	010-62732617,2618	
	出版部 010-62733440	读者服务部	010-62732336	
网　　址	http://www.caupress.cn	E-mail	cbsszs@cau.edu.cn	
经　　销	新华书店			
印　　刷	北京鑫丰华彩印有限公司			
版　　次	2022 年 6 月第 1 版　2024 年 6 月第 2 次印刷			
规　　格	185 mm×260 mm　16 开本　12.25 印张　305 千字			
定　　价	42.00 元			

图书如有质量问题本社发行部负责调换

编审人员

主　　编　薄　涛（辽宁职业学院）

　　　　　张　涛（辽宁职业学院）

副 主 编　陈立华（辽宁职业学院）

　　　　　王凤欣（辽宁职业学院）

　　　　　王学恩（阜新高等专科学校）

参　　编　杨东萍（辽宁职业学院）

　　　　　于清泉（辽宁职业学院）

　　　　　张冬波（辽宁职业学院）

　　　　　孙亚东（辽宁生态工程职业学院）

　　　　　赵希彦（辽宁农业职业技术学院）

主　　审　邱　颖（大连圣越宠物美容培训学校）

　　　　　吴　妍（大连芭黎优宠美容培训学校）

　　　　　张思远（沈阳沃德宠物美容培训学校）

前　言

　　随着人们生活水平的提高，宠物因其萌态可掬、活泼可爱的特点已成为人们亲密的伙伴，为处于紧张生活中的现代人排解孤独、增加情趣、缓解压力。宠物是家庭生活的重要成员，宠物主人都想给自己心爱的宠物打扮出一个漂亮、时尚的造型，对宠物进行科学喂养、修剪造型、包毛染色及保健护理，甚至还给宠物进行水疗、全身护理等。宠物的美容与护理已经发展成为一种流行的社会需求，成为有宠物的家庭日常生活的一部分，从另一个角度给宠物主人带来成就感和满足感。同时对于宠物的一些行为习惯和健康管理方面，宠物主人也提出了更高的要求。

　　其实，宠物的美容和护理并不像人们想象的那样简单地给宠物洗一洗澡、梳一梳毛，而是要对宠物进行全面的保健护理。这需要有规范严格的操作流程，需要专用的工具和清洁用品，还需要富有爱心和耐心的宠物美容师提供专业又细致的美容与护理方面的服务。目前，中国宠物美容行业中，只有10%左右的宠物美容师经过严格的培训并且具备职业资格证书，行业专业性亟待提高。本书正是为了培养合格的宠物美容与护理人而编写出版的。党的二十大报告明确提出了"深化教育领域综合改革，加强教材建设和管理"，体现了对教材建设的高度重视。职业教育教材是落实职业标准、课程教学标准的重要载体，对于培养具备实践能力的技术技能型人才起着重要的支撑作用。

　　本书将宠物美容与护理的各项需求以具体操作步骤的形式分解给读者，目的是让一个门外汉，从熟悉宠物开始，依据不同的宠物品种、骨骼特点及习性，给宠物进行专业到位的清洁护理、修剪造型、包毛染色、服装搭配、立耳断尾、妊娠护理、常见病的识别等保健护理，从而成为一名合格的宠物美容师。

　　本书经过多次修改与调研，是符合现代学徒制特色的工学结合教材。本书按照宠物美容与护理的操作流程，将关键技术分解为工作任务来设置教学内容，与行业紧密结合，符合职业成长规律，让读者获得的知识适度够用、通俗易懂，适用于理论实践一体化教学，同时将工作岗位上用到较多的萌宠创意造型加以补充，拓展了专业知识，突出了教材的专业性和科学性。全书图文并茂，并配有考核标准、模拟题以及美容护理案例，方便读者学习掌握。

本书具体编写分工如下：项目一中的任务 1-1、项目四中的任务 4-1、任务 4-2、任务 4-3、任务 4-5 以及项目六由张涛编写，项目三中任务 3-1 至 3-7 由薄涛编写，项目一中任务 1-2、任务 1-3、项目二、项目三中任务 3-8、项目四中任务 4-4 由陈立华编写，项目五由王凤欣、王学恩、于清泉、杨东萍、孙亚东、赵希彦编写。全书由薄涛统稿。附录由张冬波编写。

由于时间仓促，编者经验和水平有限，书中定有不足之处，恳请广大读者提出宝贵的修改意见和建议。

编　者

2024 年 5 月

目　　录

1

项目一

宠物美容基本技术

【项目描述】

    本项目根据宠物助理美容师、宠物美容师等岗位需求进行编写。本项目为宠物美容师必须掌握的相关知识,内容包括宠物身体相关知识基础、宠物美容师兽医学、美容师职业素养、美容师绘图能力、犬和猫的美容保定与控制方法、美容工具及设备的使用方法。通过本项目的训练,让学生能够识别宠物全身体表部位名称及宠物骨骼结构,了解基本兽医知识,具备优秀的宠物美容师职业素养;具有绘制美容效果图的能力,并能够在活体上识别犬全身主要骨骼、关节;学会犬、猫的保定方法,正确使用美容工具及设备,为从事宠物健康护理、宠物美容等工作做好准备。

宠物的起源与发展

【学习目标】

    1.掌握犬体表部位名称及骨骼结构,能在活体上识别体表部位、骨骼及关节的基本构造。

    2.掌握犬、猫皮肤结构特点。

    3.掌握日常用到的美容基础兽医学。

    4.具有绘制宠物美容效果图的能力,并能够大胆创新萌宠造型。

    5.能正确使用宠物美容工具及美容设备,同时养成工具与设备的保养与消毒的良好习惯。

    6.学会在美容接待及美容过程中宠物的保定及控制方法。

宠物美容的发展史

    7.能够从犬的福利出发培养宠物美容师职业素养,做好宠物的服务工作。

【情境导入】

犬龄的判定

    一天中午,宠物店门口来了一只可爱的小白狗,美容师丽丽在附近寻找狗的主人,好久也没找到,于是决定暂时收留这只小白狗。看到狗非常饥渴,丽丽决定给它饮水和喂饲犬粮,但具体应该喂食幼犬粮还是成犬粮呢?于是丽丽轻轻掰开狗的嘴巴,观看它的牙齿,以确定它的

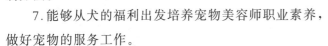

年龄。那么你们知道怎样通过牙齿来判断宠物犬的年龄吗？只有通过一系列知识的学习才能够更准确地判断犬的年龄。

任务 1-1　宠物犬、猫身体结构识别

一、犬体表主要部位名称及方位术语

1.犬体表主要部位的名称

为了便于描述犬各部位的名称,先将其分为头部、躯干部和四肢三大部分。以骨骼为基础再进行各部位的划分(图 1-1-1)。

在宠物美容中,头部美容造型尤为重要。因此,作为宠物美容师还需要了解头部各区域的划分,以便更好地为宠物犬打造优美造型(图 1-1-2,图 1-1-3)。

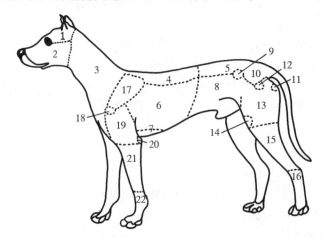

图 1-1-1　犬体表主要部位的名称

1.颅部；2.面部；3.颈部；4.背部；5.腰部；6.胸侧部(肋部)；7.胸骨部；8.腹部；9.髋结节；10.荐臀部；
11.坐骨结节；12.髋关节；13.大腿部(股部)；14.膝关节；15.小腿部；16.后脚部；17.肩带部；18.肩关节；
19.臂部；20.肘关节；21.前臂部；22.前脚部

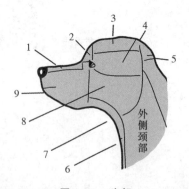

图 1-1-2　头部

1.鼻梁部；2.前头(额)部；3.头顶部；4.侧头部；5.后头部；
6.喉(腹侧颈部)；7.咽部；8.脸颊部；9.吻侧部

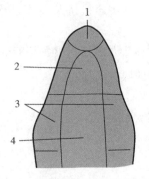

图 1-1-3　下颌

1.下颌部；2.下颌凹陷；3.侧头部；4.喉(腹侧颈部)

2.解剖学方位术语

(1)轴　轴分为纵轴和横轴。

①纵轴又称长轴,指机体和地面平行的轴。头、颈、四肢和各器官的长轴是以自身长度为标准的。

②横轴指和纵轴垂直的轴。

(2)面

①矢状面　又称纵切面(图 1-1-4a),是与纵轴平行且垂直于地面的切面,分为正中矢状面和侧矢状面。

a.正中矢状面只有一个,位于机体正中,将其分为左右对称两半的矢状面。

b.侧矢状面有多个,是位于正中矢状面两侧的矢状面。

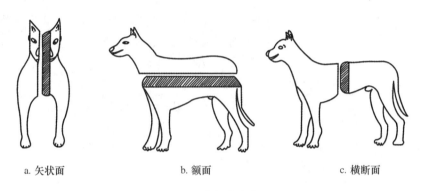

a.矢状面　　　　　　　　b.额面　　　　　　　　　c.横断面

图 1-1-4　犬解剖方位图

②额面　又称为水平面(图 1-1-4b),是指与身体长轴平行且和矢状面、横断面相垂直的切面,可将机体分为背、腹两部分。

③横断面　是指与机体纵轴相垂直的切面(图 1-1-4c),将机体分为前、后两部分。

(3)方位术语

①用于躯干的方位术语

a.头侧　又称为前,指靠近机体的头端。

b.尾侧　又称为后,指靠近机体的尾端。

c.背侧　指额面上方的部分。

d.腹侧　指额面下方的部分。

e.内侧　指靠近正中矢状面的一侧。

f.外侧　指远离正中矢状面的一侧。

②用于四肢的方位术语

a.近端　指靠近躯干的一端。

b.远端　指远离躯干的一端。

c.背侧　指四肢的前面。

d.掌侧　指前肢的后面。

e.跖侧　指后肢的后面。

f.尺侧　指前肢的外侧。

g. 胫侧　指后肢的内侧。

h. 腓侧　指后肢的外侧。

二、犬解剖结构识别

1. 犬运动系统识别

犬的运动系统由骨骼、骨骼的连接和肌肉三部分组成。

（1）骨骼　依据位置对犬骨骼进行分类，可分为体轴骨骼、肢体骨骼、特异骨。体轴骨骼包含头骨、躯干骨；肢体骨骼包括前肢骨和后肢骨；特异骨为阴茎骨（表1-1-1）。

表 1-1-1　犬骨骼结构

分类			组成
体轴骨骼	头骨	颅骨	额骨、顶骨、颞骨和不成对的枕骨、顶间骨、蝶骨、筛骨
		面骨	上颌骨、切齿骨、鼻骨、颧骨、泪骨、腭骨、翼骨、上下鼻甲骨、不成对的犁骨、下颌骨
		听骨、舌骨	
	躯干骨	椎骨	颈椎7块、胸13块、腰7块、荐3块、尾20～30块，可以表示成C7、T13、L7、S3、Cy20-30
		肋骨	前9根肋骨为真肋，后4根肋骨为假肋
		胸骨	
肢体骨骼	四肢骨	前肢骨	肩胛骨、肱骨、前臂骨（尺骨和桡骨）、腕骨、掌骨、指骨、籽骨
		后肢骨	髋骨（坐骨、耻骨、髂骨）、股骨、髌骨、小腿骨（胫骨和腓骨）、跗骨、跖骨、趾骨、籽骨
特异骨	阴茎骨		仅公犬有

雄犬除有阴茎骨外，阴茎根部还有两个很清楚的海绵体（球突），这是犬能长时间交配的原因。

根据形状对犬骨骼进行分类，可分为长骨、短骨、籽骨、扁平骨、不规则骨。

①长骨　由长形的骨干部和两个骨端部组成，骨端部被生长的骨髓软骨和骨端板与骨干分隔开。到成熟期之后，骨端软骨便会停止生长，与骨干融合在一起，以便与骨骼进行互换。成熟之后，便无法区分骨端和骨干了。长骨存在于四肢。

②短骨　拥有两个关节面，手根部和脚根部（腕关节和飞节）分别由7根短骨组成。

③籽骨　形成于关节附近的肌腱或韧带中2 mm以下的小型骨骼，只有膝盖骨的籽骨会长得特别大。它是防止肌腱摩擦的骨骼。

④扁平骨　指头盖、肩胛、肋骨，是坚固的骨骼，适合于保护轻盈的内容物。

⑤不规则骨　指脊椎骨。此外，髋骨（骨盆）也属于此类骨骼。

人类的锁骨非常发达，但犬的锁骨已经退化，有些还存在着，有些则已经完全消失。据说这种骨骼浮动在肩膀附近的肌肉内，但无法被X线照出。

（2）骨骼的连接　骨骼和骨骼的连接分为活动连接和不活动连接。前者称为关节，后者称为不动连接。

关节由关节软骨、关节包（囊）、滑液、关节韧带四部分组成。关节软骨为软骨，附着在骨骼

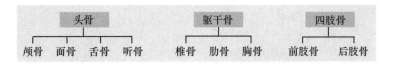

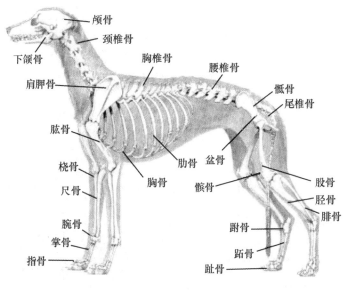

图 1-1-5　犬全身骨骼

和骨骼的接触面上作为缓冲器，以避免骨骼直接碰撞受伤。关节包是将关节紧密包覆，使骨与骨连接，不至于分离的膜。关节包的内部称为关节腔。

在关节包中充满了黏稠的骨液，可以防止骨骼摩擦引起的炎症。在关节包的外侧，又通过坚固的结缔组织纤维束来强化连接。根据功能和结构，关节分为球关节和铰链关节。

不动连接指骨骼和骨骼之间呈现紧密连接无法活动的状态。例如，头盖骨便是由多达 50 块的骨骼连接而成的，是保护内容物的扁平骨。这种不动连接后形成一种特性，称为融合。头盖骨、髋骨、骶骨都是其中的代表。

2. 犬消化系统识别

犬的消化系统包括消化器官和消化腺。消化器官包括口腔、咽、食管、胃、小肠、大肠及肛门。小肠肠管细而长，又分为十二指肠、空肠和回肠，是消化吸收的主要部位。大肠又可分为盲肠、结肠和直肠，主要消化纤维素，吸收水分，形成并排出粪便。消化腺包括唾液腺、肝、胰及消化管壁的许多腺体，主要功能是分泌消化液（图 1-1-6）。

犬的牙齿是重要的消化器官，不同年龄的犬其牙齿的数量、光洁度和磨损程度不同。因此可以通过观察犬的牙齿粗略地判断犬的年龄（图 1-1-7）。

（1）犬的齿式　犬乳齿共 28 颗，〔313/313〕×2 = 28

一侧齿式如下：

切齿 3，犬齿 1，前白齿 3

切齿 3，犬齿 1，前白齿 3

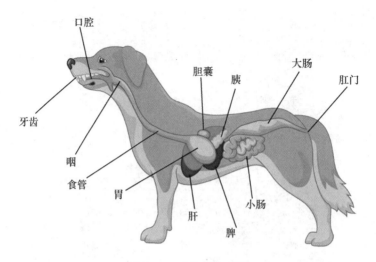

图 1-1-6 犬的消化系统

犬恒齿共 42 颗，〔3142/3143〕×2 = 42

一侧齿式如下：

　　切齿 3，犬齿 1，前白齿 4，白齿 2

　　切齿 3，犬齿 1，前白齿 4，白齿 3

（2）犬齿与年龄的关系　　通过牙齿生长情况可粗略判断犬的年龄（图 1-1-8，表 1-1-2）。人类寿命一般在 80～90 岁，犬的寿命换算成人类来说，基本也在这个范围内。根据表 1-1-3 可以看出，当犬在一岁时已经达到人类成年的水平了。所以宠物医生都是建议犬在这个时间段内绝育（用来配种的犬除外），绝育对犬的生殖泌尿健康都是一种保障。

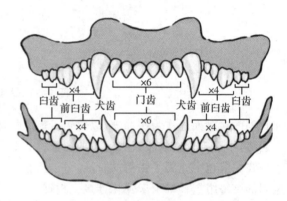

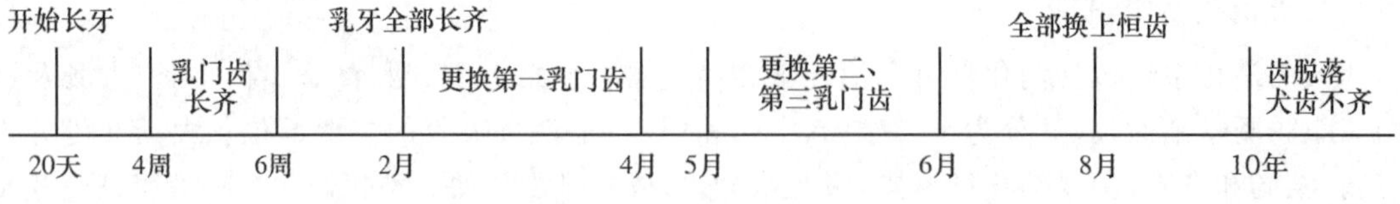

图 1-1-7 犬牙齿解剖结构

图 1-1-8 犬齿生长情况

表 1-1-2 犬齿年龄对照表

犬龄	牙齿生长状态
1～15 d	无牙齿，用手可以摸到嫩嫩的牙龈上有凸起的小包
20 d 左右	长出细细的牙齿，排列不规则，大小不一
一个半月	前排乳牙长齐，细而洁白

续表 1-1-2

犬龄	牙齿生长状态
半年	全部牙齿长全,且开始换牙,因此有时会参差不齐
8个月以上	全部牙齿换成恒齿
1岁	全部牙齿长齐,洁白,有光泽
1岁半	下颌的第一个门齿会被磨得很光滑平整
2岁半	下颌的第二个门齿会被磨得很光滑平整
3岁半	上颌的第一个门齿会被磨得很光滑平整
4岁半	上颌的第二个门齿会被磨得很光滑平整
5岁	下颌的第一和第二门齿有磨损,第三个门齿有轻微磨损
6岁	下颌的第三门齿磨平,变得钝而圆滑
7岁	下颌第一门齿几乎被磨完
8岁	从下颌的第一门齿向外开始磨损
10岁	下颌第二门齿和上颌第一门齿逐渐被磨完
16岁	牙齿有脱落现象,口腔内牙齿稀疏
20岁	犬齿脱落

表 1-1-3　犬龄与人年龄对照

犬年龄	对应人的年龄		
	小型犬	中型犬	大型犬
1个月	1岁	1岁	1岁
2个月	3岁	3岁	3岁
3个月	5岁	5岁	5岁
6个月	9岁	9岁	9岁
8个月	11岁	11岁	11岁
9个月	13岁	13岁	13岁
1岁	15岁	15岁	15岁
2岁	24岁	24岁	24岁
3岁	28岁	28岁	28岁
4岁	32岁	32岁	32岁
5岁	36岁	36岁	36岁
6岁	42岁	45岁	40岁
7岁	47岁	50岁	44岁
8岁	51岁	55岁	48岁
9岁	56岁	61岁	52岁
10岁	60岁	66岁	56岁
11岁	65岁	72岁	60岁
12岁	69岁	77岁	64岁

续表 1-1-3

犬年龄	对应人的年龄		
	小型犬	中型犬	大型犬
13 岁	74 岁	82 岁	68 岁
14 岁	78 岁	88 岁	72 岁
15 多	83 岁	93 岁	76 岁
16 岁	87 岁	100 岁	80 岁
17 岁	92 岁		84 岁
18 岁	96 岁		88 岁
19 岁	101 岁		92 岁

（3）犬牙齿的咬合形式　牙齿的咬合方式是犬品种鉴定中非常重要的指标之一。根据犬闭上嘴巴时上齿与下齿的相互位置关系（图 1-1-9），可以将犬的咬合方式分为以下 4 种（表 1-1-4）。

表 1-1-4　牙齿咬合方式

咬合方式	上下齿位置关系	代表犬种
剪式咬合	下切齿的齿表微触上切齿的齿背	如贵宾犬、边境㹴、大麦町犬、小鹿犬
钳式咬合	上切齿齿尖接触下切齿齿尖	如北京犬
下颌突出式	下切齿超出上切齿	如巴哥犬、猴面㹴
上颌突出式	上切齿超出下切齿	很少有

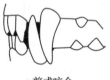   

a.剪式咬合　　　b.钳式咬合　　　c.上颌突出式　　　d.下颌突出式

图 1-1-9　牙齿咬合方式

3. 犬呼吸系统识别

犬的呼吸系统包括鼻、咽、喉、气管、支气管和肺（图 1-1-10）。

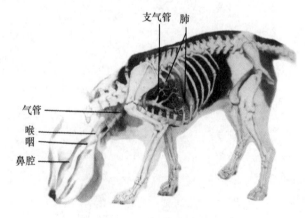

图 1-1-10　犬呼吸系统

（1）鼻　包括外鼻、鼻腔和鼻旁窦，是呼吸和嗅觉器官。鼻中隔将鼻腔分为左右两部分。鼻腔外侧壁各有一上鼻甲和下鼻甲，将鼻腔分为上鼻道、中鼻道和下鼻道。上、下鼻甲与鼻中隔之间的裂隙为总鼻道。鼻腔后部由一横行板分成上下两部分，上部为嗅觉部，下部为呼吸部。

（2）喉　位于下颌间隙后方，前端与咽相连通，后端与气管连接。甲状软骨、环状软骨、会厌软骨、勺状软骨、肌肉和韧带围成喉腔。喉腔内有1对黏膜褶，为声带。

（3）气管和支气管　气管为空气出入的通道，位于喉与支气管之间。气管进入胸腔后分为左右两支气管，经左右肺门入肺，并逐渐分支成许多支气管。

（4）肺　为气体交换的重要器官。左肺分尖叶、心叶和膈叶，右肺比左肺大1/4，分尖叶、心叶、膈叶和中间叶。

4. 犬循环系统识别

犬循环系统是闭合的管道系统，包括心脏、血管系统和淋巴系统。心脏位于胸腔中央偏左的两肺之间。血管分为动脉、静脉和毛细血管。脾脏是犬最大的储血器官。犬全身各淋巴管最后均汇总成两条最大的淋巴管，即胸导管（又称左淋巴管）和右淋巴管。

5. 犬泌尿生殖系统识别

（1）犬泌尿系统　犬的泌尿系统由肾脏、输尿管、膀胱、尿道等组成（图1-1-11a）。

（2）犬生殖系统　公犬的生殖系统由睾丸、输精管、副性腺、尿生殖道、阴茎等组成；母犬的生殖系统由卵巢、输卵管、子宫（包括子宫角、子宫体和子宫颈）、阴道、尿生殖前庭和阴门等组成（图1-1-11b）。

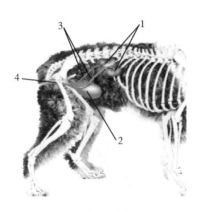
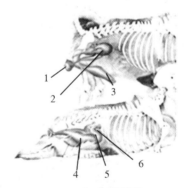

a.泌尿系统　　　　　　　　　　b.生殖系统

图1-1-11　犬的泌尿生殖系统

a：1.肾脏　2.膀胱　3.输尿管　4.尿道　　b：1.睾丸　2.膀胱　3.阴茎　4.子宫　5.子宫角　6.卵巢

6. 犬的感觉

（1）嗅觉　犬的嗅觉器官是最重要的感觉器官。刚出生的幼犬就能辨别气味，犬敏锐的嗅觉已被人类利用到众多领域中。警犬能够根据犯罪分子在现场遗留的物品、血迹、足迹等进行鉴别和追踪。缉毒犬能够从众多的邮包、行李中嗅出藏有毒品的包裹。搜爆犬能够准确地搜出藏在建筑物、车船、飞机中的爆炸物。救助犬能够帮助人们寻找深埋于雪地、沙漠及倒塌建筑物中的遇难者。

（2）听觉 犬的耳朵由外耳、中耳和内耳三部分组成，呈特殊的"L"形状。犬的外耳可以收集声波而且传入到耳鼓，声波传至耳鼓产生振动并传至中耳的听小骨，再传至内耳。这些声波产生生物电脉冲并传至脑。犬的听觉也很发达、灵敏。犬的听觉远胜于人类，灵敏度是人类的 4 倍左右，能在 25 m 外辨听到异样声响，不但能听到远处很微弱的声音，还能准确地分辨出音调的高低、强弱等变化（图 1-1-12）。

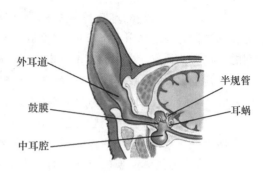

图 1-1-12 犬的耳朵结构

（3）视觉 犬的视觉不好，天生色盲，还有直视倾向。对于静止的物体，成年犬只能看到 50 m 以内的范围，对于 100 m 以外的物体看上去模糊不清；对于活动的物体反应较灵敏，视角可达 250°，可轻易地察觉身后的一切。

（4）味觉 犬的味觉较差，分辨不出复杂的味道。犬主要是依靠嗅觉闻到食物的香味，犬所记住的是气味而不是味道。

三、猫解剖结构识别

1.猫运动系统识别

（1）骨骼 猫的全身骨骼分为头骨、躯干骨、前肢骨和后肢骨。头骨由颅骨和面骨组成。头骨背面光滑而有凸起，后边最宽，眶缘不完整。躯干骨有颈椎 7 节、胸椎 13 节、腰椎 7 节、荐椎有 3 节（愈合为荐骨），尾椎有 21～23 节。肋骨共有 13 对，前 9 对为真肋，后 4 对为假肋，假肋的最后一对为浮肋。肋骨从前向后，长度逐渐增加，第 9 对、第 10 对肋骨最长，以后又逐渐缩短（图 1-1-13）。

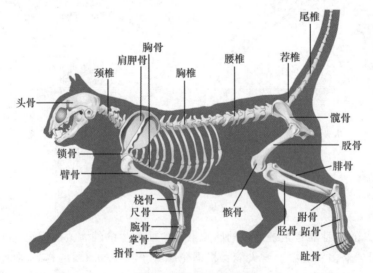

图 1-1-13 猫的骨骼

胸骨由 8 块骨头组成，由前向后分为胸骨柄、胸骨体和剑突三部分。猫的前肢骨包括肩胛骨、锁骨、臂骨、前臂骨（尺骨、桡骨）、腕骨、掌骨和指骨；后肢骨包括髋骨、股骨、髌骨、小腿骨

（胫骨、腓骨）、跗骨、跖骨和趾骨。

猫的脚掌下有很厚的肉垫，每个脚趾下又有小的趾垫，起到极好的缓冲作用。每个脚趾上长有锋利的三角形尖爪，尖爪平时可蜷缩隐藏在趾毛中，只有在摄取食物、捕捉猎物、搏斗、刨土、攀登时才伸出来。猫爪生长较快，为保持爪的锋利，并且防止爪过长影响行走和刺伤肉垫，猫常进行磨爪。

（2）肌肉　猫的皮肌发达，几乎覆盖全身。全身肌肉共有 500 多块，收缩力很强，尤其是后肢和颈部肌肉极发达，故猫行动迅速，灵活敏捷。

2.猫消化系统识别

猫的消化系统由口、咽、食管、胃、小肠、大肠、肛门及肝、胰、唾液腺等组成（图 1-1-14）。

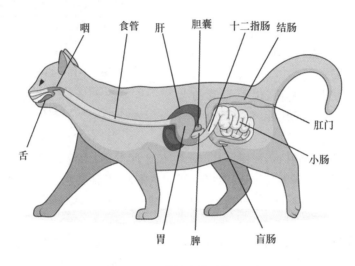

图 1-1-14　猫的消化系统

（1）口　猫的口腔较窄，上唇中央有一条深沟直至鼻中隔，沟内有一系带连着上颌，下唇中央也有一系带连着下颌。上唇两侧有长的触毛，是猫特殊的感觉器官，其长度与身体的宽度一致。猫舌薄而灵活，猫齿齿冠很尖锐，有撕裂食物的作用。猫牙齿的生长发育分 2 个阶段，即乳齿阶段和永久齿阶段。乳齿阶段共生 26 颗牙齿，即上腭 6 颗乳切齿，2 颗乳犬齿，6 颗乳前臼齿；下腭 6 颗乳切齿，2 颗乳犬齿，4 颗乳前臼齿。永久齿阶段共有 30 颗牙齿，即上腭 6 颗切齿，2 颗犬齿，6 颗前臼齿，2 颗白齿；下腭 6 颗切齿，2 颗犬齿，4 颗前臼齿，2 颗白齿（图 1-1-15）。

（2）根据猫牙齿的生长规律常可作为猫龄的鉴定依据。猫的牙齿生长和年龄对照情况：

14 日龄左右：开始长牙。

2～3 周龄：乳门牙长齐。

近 2 月龄：乳牙全部长齐，呈白色，细而尖。

3～4 月龄：更换第一乳门牙。

5～6 月龄：换第二、第三乳门齿及乳犬牙。

6 月龄以后：全部换上恒齿。

8 月龄：恒齿长齐，洁白光亮，门齿上部有尖凸。

1 岁：下颌第二门齿大尖峰，磨损至小尖峰平齐（尖峰磨灭）。

2岁:下颌第二门齿尖峰磨灭。

3岁:上颌第一门齿尖峰磨灭。

4岁:上颌第二门齿尖峰磨灭。

5岁:下颌第三门齿尖峰稍磨损,下颌第一、第二门齿磨损面为矩形。

5.5岁:下颌第三齿尖磨灭,犬齿钝圆。

6.5岁:下颌第一门齿磨损至齿根部,磨损面为纵椭圆形。

7.5岁:下颌第一门齿磨损面向前方倾斜。

8.5岁:下颌第二及上颌第一门齿磨损面呈纵椭圆形。

9~16岁:门齿脱落犬齿不齐。

(3)咽 口腔后端的一个空间,是食物和空气出入的交叉道。

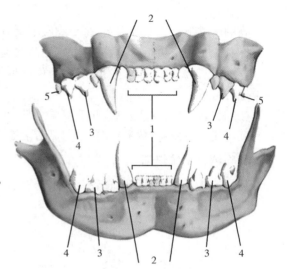

图1-1-15 猫的牙齿解剖结构
1.门(切)齿 2.犬齿 3.大臼齿(裂齿)
4.前臼齿 5.臼齿

(4)食管 为肌性直管,位于气管的背侧。猫的食管可反向蠕动,能将吞下的大块骨头和有害物呕吐出来。

(5)胃 胃呈弯曲的囊状,右端窄,左端大,位于腹前部,大部分偏于左侧,在肝和膈之后。猫胃为单室,有胃腺,胃腺十分发达,分泌盐酸和胃蛋白酶,能消化吞食的肉和骨头。

(6)肠 小肠分为十二指肠、空肠和回肠。大肠分为盲肠、结肠和直肠。在肛门两边有两个大的肛门腺,开口于肛门。

(7)肝、胰和唾液腺 肝较大,呈红棕色,有胆囊,位于腹腔的前部,紧贴于膈的后方。胰腺是扁平、不规则分叶的腺体,浅粉色,位于十二指肠"U"形弯曲之间,有大胰管和副胰管,开口于十二指肠。唾液腺特别发达,有腮腺、颌下腺、舌下腺、臼齿腺和眶下腺。

3.猫呼吸系统识别

猫的呼吸系统由鼻、咽、喉、气管、支气管、肺等组成。

(1)鼻 鼻由鼻中隔分成两部分。鼻中隔的前端有一条沟,将上唇分为两半。鼻黏膜内有大量的嗅细胞,嗅觉灵敏。

(2)喉 喉腔内有前后两对皱褶,前面一对即前庭褶,和犬等动物相比较宽松,又称假声带。空气进出时振动假声带,使猫不断发出低沉的"呼噜呼噜"声;后一对为声褶,与声韧带、声带肌共同构成真正的声带,是猫的发音器官。

(3)气管和支气管 是呼吸的通道,气管由不完全的软骨环组成,末端分为左、右支气管。

(4)肺 右肺较大,分4叶;左肺较小,分3叶,其中前两叶基部部分缔连在一起,所以左肺只有完全分开的2叶。猫肺体积较小,不适宜长时间剧烈运动。

4.猫泌尿系统识别

猫肾脏位于腰椎横突下方,在第3~5腰椎腹侧,右肾靠前,左肾靠后。肾被膜上有丰富的被膜静脉,这是猫肾所独有的特点。猫一昼夜排尿量为100~200 mL。

5.猫生殖系统识别

（1）公猫生殖器官　包括睾丸、附睾、副性腺、输精管、尿道、阴囊和阴茎。猫的副性腺只有前列腺和尿道球腺,无精囊腺。猫的阴囊位于肛门的腹面,中间有一条沟,为阴囊中隔的位置。猫的阴茎呈圆柱形,远端有一块阴茎骨。

（2）母猫生殖器官　包括卵巢、输卵管、子宫和阴道。子宫属双角子宫,呈"Y"形。猫是著名的多产动物,在最适条件下,母猫6～8个月就能达到性成熟。母猫的发情表现为发出连续不断的叫声,声大而粗。猫一年四季均可发情,但在我国大部分地区,气候较热的季节发情少或不发情。猫的发情周期一般是14～21 d,发情期可持续3～6 d。猫为刺激性排卵动物,受到交配刺激后,约24 h卵巢排卵。母猫妊娠期60～63 d。

6.猫的感觉

（1）听觉　猫的位听器官耳由外耳、中耳和内耳组成。猫的外耳运动十分灵活,好像雷达那样,不断搜索着声音发出的方向,能随声波方向而转动,猫可以在头不动的情况下,外耳作180°的转动。猫的听觉非常灵敏,对声音的定位功能也比人强,猫的听觉能辨别15～20 m远处、相距1 m左右两个不同声源发出的两种相近似的声音。猫能听到30～45 000 Hz的声音,而我们人只能听到20～20 000 Hz的声音。所以,猫能感觉到人类不能感觉到的超声波。

（2）嗅觉　猫的嗅觉能力比人类高14倍,猫的口中上端有一感觉器官可以分辨气味。但是如果猫被喷洒香水,会扰乱它们的嗅觉功能。因而,除非是美容比赛需要,猫日常不适合喷洒香水。

（3）视觉　猫的视力不到人类的1/10,只能看清距离眼前10～20 m的静止物体,太远或者太近的东西,在猫的眼中都是模糊的。但是,猫的视野却很广。人类的视野度数约为200°,猫却可以达到280°。猫可以灵敏地感知运动的物体,猫的眼睛在深夜里非常强大,只需要六分之一人类照明需求的光强度,就可以看清楚快速运动着的"猎物",这也是为什么猫可以在夜里随意跑动却不会撞到东西的原因。猫对色彩的认知很差,能识别出绿色和蓝色,却无法识别出红色。

（4）味觉　食物的味道是靠舌头以及位于舌头周边的叫作味蕾的感受器感觉到的。猫的味蕾只有800个左右,所以猫的味觉要比我们人类差。猫的味觉感知大概有酸、甜、苦、咸4种,其中酸和咸的味觉感知最为敏锐,甚至超过了犬。正是由于猫味觉对酸的敏感,才使得它们能对腐败、变质食物所产生的毒素具有高度的警惕性,从而拒绝食用这些不新鲜或变质的食物。

【技能训练】

训练目标

1.通过训练能够准确说出犬体表部位及骨骼名称。

2.通过训练可以通过观察犬的牙齿情况估算犬的年龄。

3.能根据工作需求正确测量犬的体尺。

材料准备

1.活体动物　德国牧羊犬或普通犬每组各1只。

2.教学工具　多媒体投影仪;犬体表结构图;犬、猫全身骨骼标本。

步骤过程

1. 辨别活体犬体表各部位,并能说出其名称。

2. 参照解剖结构图和实物(或模型),识别犬的骨骼系统。

3. 测量体高、体长、胸围、胸深。

4. 在任务单上完成犬体表名称和犬骨骼名称标注。

5. 根据犬、猫的牙齿判断年龄。

【技能评价标准】

优秀等级:能根据标本说出犬骨骼的名称、特点;能说出各关节的名称及组成;能正确测量犬的体尺;能在任务单上准确标注犬体表名称及各骨骼名称;能根据犬、猫牙齿准确判断犬、猫年龄。

良好等级:能根据标本说出犬骨骼的名称、特点;能比较正确测量犬的体尺;能在任务单上比较准确标注犬体表名称及各骨骼名称;能根据犬、猫牙齿大致判断犬、猫年龄。

及格等级:能根据标本说出犬骨骼的名称;会测量犬的体尺;在任务单上简单标注犬体表名称及各骨骼名称。

任务 1-2 犬、猫的美容保定技术

宠物的接待与安全保定

一、犬、猫的习性

1. 犬的行为特点

(1)表示友好,喜欢和人们互动 犬表示友好时比较冷静,眼神温和,动作放松,尾巴自然下垂至半高状态,并不时地轻松晃动。如果你跟它打招呼,它的尾巴会稍微下垂,可能还会抬起一只前爪表示友好。耳朵会放松,稍微耷拉一些,还可能通过往你身上靠或者主动靠向你的手以示它与人类交流的欲望。

(2)机警,随时准备保护自己 犬处于警觉状态时会随时准备为保卫自己而战。眼神接触的时间较长,而且坚定。移动时行动缓慢,尾巴高高抬起,有时尾巴会僵直地晃动,通常尾巴尖端的地方会高频率地晃动。如果这时你离它太近,它可能会跳起来反击,叫声低沉,同时伴有吸气和露齿,耳朵向前竖起。此外,骑在别的犬身上、挑衅、舔舐其他犬的生殖器以及尾巴垂直快速地晃动等行为,都可能表示犬处于机警状态。

(3)害怕,避开与人互动 犬感到恐惧时会试图离开让它产生恐惧的人或物。尾巴很低,而且通常夹在两腿之间。恐惧初期的表现为舔嘴唇和面部恐惧表情(嘴唇向后拉开,露出牙齿)。耳朵向后紧贴头部,身体前部低倾,而且避免眼神接触。这时它的眼睛会环顾四周,有时还会竖起背部的毛发,当出现缓慢而拘谨的行动且用力吸气时,就要格外小心。此外,犬害怕时的叫声没有节奏感,肛门腺可能排空,甚至还会小便或大便。

2. 猫的行为特点

(1)猫表示友好的方式 猫表示好感的最常见方法是用尾巴绕,用头或身体碰,用耳背或脸蹭、舔,像舔其他猫一样,这表示信任和好感。当人抚摸它之后,它会舔自己,"品尝"人的气味。猫尾巴直竖是表示非常强烈的好感;翻滚身体表示"跟我玩吧";把爪子放在人的手臂上表示它对人很有好感。

(2)警告信号 有时,猫的攻击好像毫无征兆,但是,通常在攻击前会有大量的警告信息。猫的一些攻击(或者潜在性的攻击)信息在身体上主要有如下表现:睁大眼睛;瞳孔放大(如果感到受威胁)或瞳孔极度缩小(当猫试图反击的时候);耳朵放平;尾巴笔直或者鞭打,尾毛直立;由不安的"喵喵"叫变成咆哮,发出"嘶嘶"声,有时甚至是发出吐痰的声音。

宠物行为与心理

二、常用保定工具的介绍

1.绳圈

(1)用途 可将犬固定在美容台上,以便美容的顺利进行。

(2)类型 市售尼龙、钢丝或皮革绳圈。按犬的个体大小,应选择合适长度和宽度的绳圈给犬戴上。尼龙绳的宽度多为 1.0 cm 和 1.5 cm,长度为 52～65 cm,可调节;钢丝绳外侧有一层加厚软套管,项圈部位加弹力海绵护套用于保护颈部,长度可调节,可以根据犬只大小选择不同长度规格的吊绳。

(3)说明 长度尽量要收短,但也要注意,千万不要让犬有被勒紧的感觉。大型犬使用的绳圈,尤其要注意采用加厚材质。

2.绷带

(1)用途 快速系紧犬的嘴部,以免工作人员被犬咬伤。

(2)类型 纱布条或布条(长 1～1.5 m,宽 2～5 cm),或市售绷带。

(3)说明 大型犬最好用结实的或双层纱布条,不结实或没戴好就保证不了安全,存在被犬咬伤的危险。绷带保定法会抑制喘气,因此,对厚毛动物或处于高温环境时,需灵活使用。当动物出现呼吸困难或开始呕吐时要立即解除绷带。如果要迅速解除难以驾驭的犬的绷带,需解开绳结并拽住细带的两端。

3.嘴套

(1)用途 快速保定犬的嘴部,以免工作人员被犬咬伤。

(2)类型 市售尼龙、塑料、人造丝或皮质嘴套。按犬的个体大小分为大、中、小三种,应选择合适的嘴套给犬戴上。

(3)说明 市售尼龙或人造丝嘴套在使用前后都必须消毒,以免造成疾病的传播。好的嘴套需要具备下列条件:不会弄伤宠物,搭扣使用方便、能快速操作,不易脱落,容易清洗。嘴套会抑制喘气,因此,对厚毛动物或处于高温环境时,需灵活使用。当动物出现呼吸困难或开始呕吐时要立即解除嘴套。

4.伊丽莎白项圈

(1)用途 将项圈戴在难以驾驭的犬、猫的颈部,是为了防止美容时动物咬人以及自咬或自舔。

(2)类型 一般应选择坚韧而有弹性的材料来制作项圈(如塑料),而不用易折的材料(如纸板)。项圈的合适长度应比动物吻突长 2～3 cm,并使项圈的基部对着肩部向后拉。也可用市售伊丽莎白项圈,并按犬、猫的个体大小选择合适的项圈。

（3）说明　主要用于凶猛咬人的犬、猫。

5.防滑垫

（1）用途　防止美容台过滑。

（2）类型　常见的有 PVC 或橡胶材质。

（3）说明　常用于犬、猫洗浴和浴后吹干时垫在美容台上。

【技能训练】

训练目标

1.通过训练认识各种保定用具。

2.通过训练能在美容工作的不同场景需求中使用不同的保定方法。

3.能学会犬只站立的训练方法。

材料准备

1.动物　小型犬、大型犬和猫每组各一只。

2.工具　保定绳圈、绷带、嘴套、伊丽莎白项圈、美容台、防滑垫。

步骤过程

1.准备保定工具

识别保定绳圈、绷带、嘴套、伊丽莎白项圈、防滑垫等保定工具（图 1-2-1），并分清各种工具用途。

a.防滑垫　　　　　b.伊丽莎白项圈　　　　　c.防咬嘴套

d.绷带　　　　　e.保定绳圈

图 1-2-1　保定工具

2.练习正确的接待方式（主要以犬为例说明）

（1）接近　第一次接近陌生犬时要先了解犬是否具有攻击性。有恐惧心理和警戒心的犬，要边唤它的名字边靠近，在其视线下方用手背去试探（图 1-2-2），使其安定，放松警惕。不要去抚摸和搂抱犬，以免受到无谓的伤害。

（2）正确抱犬

中大型犬的抱法：一只手从犬的胸前伸过，扶住犬的肘部环抱住犬的前身，另一只手从犬的臀部后方伸出环抱住犬的后腿，手扶在犬的大腿根部，保持犬背部要挺直，然后用力将犬抱至胸前（图1-2-3）。

小型犬的抱法：要将一只手放在它的前肢和胸下面，护着幼犬的胸部，另一只手托住后肢和臀部（图1-2-4）。

图1-2-2　试探

图1-2-3　中大型犬抱法

图1-2-4　小型犬抱法

由于犬不具有和人类相同的锁骨，所以严禁只提犬的前肢（包括犬的肘部或犬前肢根部），即使犬感觉不到疼痛也是不允许的。若将犬的前肢握住抬起，犬的重量全部集中在犬的前臂骨处，容易造成骨折或脱臼（图1-2-5）；同时抱两只犬，容易引起两只犬的争斗，或因抱不稳而脱落。这些都是错误的抱犬方法。

图1-2-5　错误的抱犬方法

从主人手中接过犬的方法：如果犬合作的话，可以直接从主人怀中将犬抱过来。如果犬不合作，可以让主人将犬递给你，而不要与犬较劲。

从笼子中将犬抱出的方法：①徒手法：打开笼子门后，伸出一只手握拳，慢慢伸到犬面前，让犬嗅你的手之后，它无攻击行为就可以慢慢将犬拉出，抱至怀中。②绳套法：打开笼子门后，如果犬有攻击性，就不要伸手去拉它，而是要拿一根犬绳，做一活套，一边让另一个人吸引犬的注意力，一边快速将活套套在犬的脖子上，慢慢将犬拉出。一手拉紧绳子，另一只手快速抱住犬的腰部，将犬抱起。③浴巾法：使用比较大的浴巾盖在犬的头部及身体上，将浴巾包裹住犬体将犬抱出。

3.常用的保定方式练习

(1)美容台牵引绳保定法　选择一个合适、安全的美容台,根据犬的大小调整美容台上的固定杆高度(图1-2-6),并将旋钮固定紧以防止固定杆松动下落而砸伤犬只。如果美容台过滑,要用防滑垫。让犬站立在安装吊杆的美容台上,先将绳圈套过头部和一侧前肢,斜挎于犬的前身,调整绳圈的大小至适当位置,然后将绳圈的一端与固定杆连接(图1-2-7)。如果绳圈过长可以将保定绳缠绕在吊杆上进行调节。

图1-2-6　调整固定杆

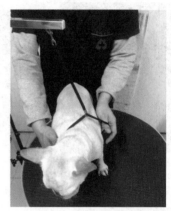
图1-2-7　固定犬只

(2)脚底毛与指(趾)甲修剪保定法　采用徒手保定法,又称为人力保定。这是通过保定人员一定的手法操作,来达到限制犬活动的目的,多用于幼龄犬和比较温顺的犬。根据操作姿势又分为正身保定法(头部、前肢固定法)和反身保定法(臀部、后肢固定法)。正身保定法是将犬放入怀中或检查台上,然后保定者用一只手臂夹住犬的颈胸部,一只手将犬的一前肢远端握住,另一只手工作。并稍用力向前拉展即可保定。反身保定法是与犬身体方向相反,用胳膊夹住犬的肩部(大型犬直接用胳膊夹住犬的前肢或后肢),一只手抓住犬的脚部,另一只手工作。这两种保定法均可用于修剪犬脚底毛或修剪指(趾)甲(图1-2-8)。

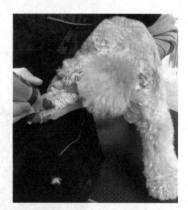
图1-2-8　反身固定法

(3)腹底毛修剪保定法　将美容台吊杆调整至适当高度,一只手抬起犬的两个前肢搭放在横杆上并压住固定,让犬的两后肢安全地站立在美容台上,暴露腹部以方便另一只手进行操作。初学者可以双人互相做助手进行练习,一个人将犬只反向(后背)抱于怀中,双手握住犬的肩肘部,让犬的双后肢站立于美容台上,使犬腹部暴露,便于另一个人操作。

(4)清洁耳道保定法　左手抓起犬的耳廓并同时抓住犬颈部被毛控制犬的头部,然后用右手进行清洁处理。对于不配合犬只需要一个人吸引犬的注意力,另一个人在犬的身后给犬套上嘴套再进行耳道清洁。

4.练习其他的保定方法

(1)嵌口保定法(绷带保定法、扎嘴保定法)

①长嘴犬嵌口保定法　用适当长度的绷带条在中间绕两次,打一个大的活结圈,套在犬嘴

上,在下颌下方拉紧,然后将两个游离端拉向耳后,在颈背侧枕部收紧打结(图1-2-9)。

②短嘴犬嵌口保定法　在绷带的1/3处打一个大的活结圈,套在犬嘴上,在下颌下方拉紧,将两个游离端拉向耳后,在颈背侧枕部收紧打结,然后将其中长的游离端引向鼻侧,穿过绷带圈,再翻转至耳后与另一游离端收紧打结(图1-2-10)。

(2)嘴套保定法　选择合适的嘴套给犬戴上并系牢,保定人员抓住脖圈,防止将嘴套抓掉。

(3)伊丽莎白项圈保定法　将伊丽莎白项圈围成圆环套在犬、猫颈部,然后利用上面的扣带将其固定,形成前大后小的漏斗状(图1-2-11)。

(4)语言保定方法　美容过程中,要用温和的语调与犬说话,以使它们情绪安定。但是,遇到特殊好动的犬,如果总是安定不下来,可以试着用严厉的语气对它说话。

图1-2-9　长嘴犬嵌口保定法

图1-2-10　短嘴犬嵌口保定法

图1-2-11　伊丽莎白项圈保定法

5.美容修剪中的控犬流程训练

(1)接触　美容师一只手握拳用手背放在犬的鼻子前进行试嗅,当犬舔舐时说明它已经对你有好感,此时可以将手经过颈部绕至犬头后部进行抚摸。当出现安定信号后,及时地与犬加强互动,美容工作就可以顺利开展了。

(2)重复训练

正强化:美容过程中犬只必须保持站立姿势。为了达到这个姿势,将犬放置呈头抬起的站立姿势。不断有耐心地将犬的站姿摆好,短暂安静时一定要抓住时机表扬。

负强化:如果犬总是不配合,可以先厉声制止,再摆好站姿,安静后表扬。

惩罚:美容桌上有安全绳,我们可以用安全绳固定住犬身体的一部分,然后用手扶着另外一部分,这样就可以达成站姿的目的。犬稳定后可以将安全绳完全放松,这时切记不要直接勒到脖子。

(3)动作调整　犬在美容过程中仍旧不配合美容,美容师除了用方法去调整犬的状态,同时也需要调整自己的美容手法。如果当给犬进行头部修剪时它不配合,就可以先修剪其他部位,当超过30 min后再做头部修剪。让犬渐渐地放松警惕而达到最终接受修剪的目的。

(4)控制方法　如果犬总是跳起或用它的前爪抓美容师时,此时需要坚定地压下犬的肩胛骨。当犬抬起它的脚,由于肩胛骨受到的压力,它会向前落下。这样不断重复几次,持续数分钟后犬就学会四腿站立在桌子上。

对于正在进行修剪的犬,美容师需要抓住犬的鼻口部,站在犬的面前用大拇指轻轻地抓牢鼻口的上部,用剩下的四指轻轻地抓牢鼻口的下部,并且需要用食指放在犬下巴下面的凹槽里,以便能更好地抓牢犬的头。

对于强烈拒绝合作的犬,向后退并且数到十,深呼吸后再次尝试。如果都失败了,把它放回笼子,先给其他的犬美容,直到犬冷静下来。美容师的冷静处理有助于犬的冷静。针对非常不合作的犬,美容师可以决定是否使用某种控制装置来控制犬。比如,为犬佩戴伊丽莎白项圈。

6. 宠物美容犬站立训练

利用犬怕跌的心理,在一块面积较小并高出地面的地方进行,可利用小桌或一块垫高的木板。首先将犬抱到小桌上,让它的前腿靠近小桌的边缘部分,松开手。犬由于怕跌,便四肢发软想卧下,这时我们要一只手托住它的前胸或下巴,另一只手轻轻向后拉犬的尾巴,注意不能只拉尾毛,以免引起疼痛。托着前胸的手也配合着向后推,使犬不能坐下。当犬发觉后脚将失去支撑,再后退就要踏空时,就会本能地把身体向前倾,向上挺起,前肢踏实,脚趾收紧,呈现出一种四肢挺直、昂首挺胸的标准姿势(图 1-2-12)。多次重复此种方法,犬即可学会。之后即便犬站在平地上,只要我们拉住尾巴向后牵引,犬便会反射性地摆出标准的优美姿势。另外也可以使用梅花桩对犬的站姿进行训练,使犬的站姿非常优美。犬进行这种训练最好从 5~6 个月的幼犬开始,只要重复多次训练后,犬就会形成条

图 1-2-12　犬站姿训练

件反射,以后站在平地上或参加比赛时,只要托起犬胸和拉起犬尾,犬就自然摆出标准姿势了。

注意事项

1. 观察犬表现时的注意事项

(1)注意判断犬的情绪　犬的不同表现之间有时界限并不是太清晰,这时,年龄、种类、性别和成长史将会成为判断它情绪状况的第二参照标准。比如,恐惧的犬可能在表示恐惧的同时渴望社交,只不过是缺乏互动的自信罢了。这时应适当地给予鼓励。

(2)鉴别压力的表现,为犬缓解压力　犬有压力的表现包括打哈欠、舔嘴唇、耳朵向后靠、瞳孔扩大、身体蜷曲、尿频、呼吸短促等。

(3)注意常见的误导表现

①晃动尾部并不总是代表着友好的信号。

②背部毛发竖立并不总是攻击的信号。

③跳起并不总是意味着友好或甘受控制。

④坐在你的腿上并不总是代表友好。

⑤打滚并不总是屈从的表示。

2. 观察猫表现时的注意事项

猫的脾气与犬完全不同,用与犬交流的方法跟猫交流是行不通的,而且猫通常不会听从人的指令,也不容易用绳子和锁链控制。猫对响声或突然的噪声非常敏感,因此需要非常安静的

美容环境。

在给猫美容的过程中,谨记三件事:①尽量用最短的时间做完美容工作;②根据猫的脾气来随机应变;③在每个步骤之间要让猫得到适当的休息。

3.犬在美容院的注意事项

(1)控制好危险性大的犬　在美容院里,要注意美容师自身的安全,提前预防那些有恐惧感或反应比较强烈的犬。对于危险性很大的犬,最好还是事先给它戴上链子,并把链子的尾端放在笼子外面,这样能够先抓住链子的尾端,然后鼓励犬走出笼子。但是在没有管理人员的时候,不能给它一直戴着链子。因为一旦它们自己把链子缠到脖子上就可能会有生命危险。

(2)安排好犬的位置

①要避开繁忙的区域。

②胆小、害怕的犬应该跟安静、友善的犬放在一起。

③两只犬即将擦肩而过的情况下,注意保持牵引者的位置在两只犬之间,避免它们发生冲突。

4.美容师应注意的问题

①首先向宠物主人了解宠物的习性,是否咬人、抓人及有无特别敏感部位不能让人接触。

②美容操作中要用的工具都要事先准备好,确保美容师的手一直能触摸犬、猫。

③美容师要用手托住犬、猫的身体以使其保持稳定,使美容工具与犬、猫之间保持一定的距离。

④接触一只陌生犬时,在确定了所有的肢体语言之后,再进行眼神的直接接触。

⑤伸手触摸脾气不好的犬、猫时,一定要用手背进行试探。

⑥不要总想着要控制犬,要用温和的语调与犬交流。

【任务评价标准】

优秀等级:能够熟练地完成犬的接待及保定工作,并能够准确选用保定工具采取合理的保定方案;能熟练地控制犬,以便流畅地完成美容工作。同时能在短时间内完成训练犬站立的任务。

良好等级:能较好地完成犬的接待及保定工作,能使用不同保定工具完成犬的不同保定方法,能够较好地完成犬站立训练任务。

及格等级:能完成犬的接待及保定工作。

任务1-3　美容工具及设备的使用

【情景导入】

作为一名合格的美容师,不仅需要认识常用的美容工具与设备,同时还应该正确使用这些工具和设备。如果在给顾客的犬做美容过程中,工具到处乱放,使用起来手忙脚乱就会给顾客留下不好的印象。只有合理并正确使用各种工具和设备才能让自己的工作有条不紊,并能快速完成任务。

宠物护理与美容设备
和工具的使用

一、常用美容工具及美容用品的介绍

1. 针梳

（1）用途　打开缠结的被毛或去除底毛。钢针较细且富有弹性，能穿入毛球内部，梳理时遇到阻碍就可以弹出，减少毛发损伤。

（2）类型　按尺寸分大、中、小三种规格，一般用中号。按质地分为硬质和软质两种，前者针硬，适用于严重打结的情况；后者针柔软，不易伤到皮肤，适用于被毛有少量打结的情况。

（3）说明　好的针梳呈"＜"形，钢针尖端平整，胶板与钢针密合且有一定弹性，木质握把。

2. 美容梳（排梳）

（1）用途　用于被毛的梳理和挑松，以及剪毛时配合剪刀挑毛。

（2）类型　标准梳全长 22.5 cm，针长 4.5 cm，疏密两用，适用于各种类型的毛发梳理。

（3）说明　美容梳是最常用的梳理工具，好的美容梳需要具备以下条件：材质坚硬（以金属制品为主），不易弯曲变形；表面镀层好，能防静电；疏密两边重量平均，中心点一致；针尖圆滑，不卡毛。

3. 开结刀

（1）用途　用于针梳梳不开的严重打结的毛球梳理，其锐利的刃部可以快速省力地打开毛球，且不会伤到皮肤（开结刀的切口都设计在内侧，碰不到宠物的皮肤，刀头部位加粗并经过钝化处理）。

（2）类型　有刀片嵌入型和刀刃型两种，常用的为后者。刀刃型又分为单刃型和多刃型，单刃型适用于严重硬化的毛球，多刃型适用于中度缠结的毛球或单刃型的后续操作。

（3）说明　好的开结刀要钢质好，握把适手，刀头经过钝化处理。

4. 毛刷

（1）用途　用于快速梳理被毛，促进毛发的新陈代谢，长毛犬、猫的被毛保养和短毛犬、猫的皮肤按摩都可以使用。

（2）类型

①金属针型：半球形的胶板充满空气，梳理时针尖伸缩自如，多用于被毛需要经常护理的宠物，以及吹风干燥、打散毛发的护理。好的金属针毛刷需要有弹力，松紧适度，不易缩针，针尖经过钝化处理，木质握把为好。

②兽毛型：又称鬃毛刷，柔性好，不伤毛，适用于短毛犬的皮肤按摩和长毛犬的被毛上油。该毛刷的材料最好是猪鬃。

③尼龙毛型：与兽毛刷用途基本相同，且价格低廉，但是易产生静电，引起被毛打结，所以适合宠物沐浴时使用。

④橡胶粒型：适用于宠物沐浴时或短毛犬去除死皮时的被毛梳理。

⑤手套型：用于去除底毛或给外层被毛增亮。

5. 电剪

（1）用途　快速去除被毛（如足底、下腹、肛门周围的被毛），进行初步造型。

（2）类型　宠物美容专业人员使用的电剪主要有两种类型：

①电磁振荡式：美式电剪，速度快，但容易因高温而烫手，需要配合冷却喷雾使用。

②马达回转式：日式电剪，运转速度稍慢，但机身较轻。

（3）说明　不能用宠物电剪来剪人的毛发，这样会缩短电剪使用寿命。好的电剪要耐磨损，使用时间长，易修理，零件耗材易购买。

6．电剪刀头

（1）用途　配合电剪使用，根据宠物的被毛长度和疏密程度，以及初步造型后要求的长度，选择不同型号的刀头。

（2）类型　每个厂家生产的电剪都有和主机配套的一系列不同型号的刀头，不同生产厂家同一型号刀头留毛长度略有差别。常用的刀头有以下几种：

①40 号（0.25 mm）：用于剃足底、下腹和肛门周围的被毛，以及贵宾犬的剃剪部分修剪。

②10 号（1.5 mm）：适合犬的全身被毛剃除和局部修整，可接近皮肤自然颜色且不伤皮肤。

③7 号（3 mm）和 5 号（6 mm）：适合长毛犬或卷毛犬做短型剪法的前置粗胚用。7 号刀头还可用于剃狸类犬的背部被毛。

④4 号（9 mm）：用于贵宾犬、京巴犬、西施犬的身躯修剪。

（3）刀头的保养　在刀头使用前要先去除防锈保护层，每次使用完之后都要彻底清理，并涂上润滑油，进行周期性的保养。去除防锈保护层方法：在一小碟去除剂中浸泡刀头，使之完全浸泡在试剂中，1 min 后取出刀头，吸干试剂，涂上一薄层润滑油，用软布包好收起。使用中要避免刀头过热，使用冷却剂不仅能冷却刀头，还能够去除黏附的细小毛发和残留的润滑油残渣。只要把刀头卸下来，正反两面均匀喷洒冷却剂，几秒钟后即可降温，冷却剂可以完全挥发掉。

（4）说明　刀头的型号越大，所留的被毛越短。逆毛推和顺毛推所留被毛长度不同，使用时应根据具体要求选择。好的刀头钢质硬度高，耐磨。

7．美容剪

（1）用途　用于宠物的立体修剪造型和细微修饰。

（2）类型

7 寸（21 cm）直剪和 8 寸（24 cm）以上直剪，用于全身修剪。

5 寸（15 cm）直剪：用于配合 7 寸直剪进行细节部位的修剪（如脚底和头部的修剪）。

7 寸弯剪：用于有弧度的造型（如贵宾犬各种造型中的圆球修饰）。

牙剪：又称打薄剪，用于剪除大量浓密被毛，且不显出参差不齐的痕迹，或用直剪修理完最后定型时修剪出毛发的层次感。

（3）注意事项　保持剪刀的锋利，不要用剪刀剪宠物毛发以外的东西，不要修剪脏毛；每次用完后要用清洁油清洗刀口，防止生锈；不要放在美容台上，以防摔落，防止撞击；正确握剪刀以减少疲劳，提高效率。

（4）说明　美容剪是宠物美容师使用频率最高的一种工具，其中最常用的是直剪。因为宠物的毛质细松，所以美容剪比一般的剪刀更加锋利，而且刀口间的缝隙也更加齐整。使用时一定要保持刀刃锋利。好的美容剪要求钢质良好，握感舒适，双刃接合成标准水平线，刀尖无锐角。

（5）剪刀选择标准　握感舒适；双刃接合成标准水平线；刀尖无锐角（需有弧度或圆角）；钢质良好。

8.趾甲钳(刀)

(1)用途　用于宠物的趾甲修剪。

(2)类型

钳子式:可分为大型、中小型犬等不同型号。根据不同体型犬、猫选择适合的型号。

铡刀式:可分为大型、中小型犬等不同型号。根据不同体型犬、猫选择适合的型号。

LED 发光猫用趾甲剪:适用于猫类钩爪内敛的趾甲修剪,并能有效防止剪伤指甲,同样分钳子式和铡刀式两种(图 1-3-1)。

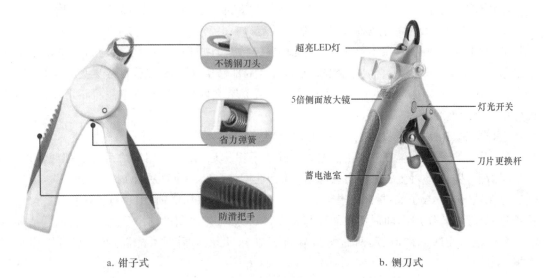

a. 钳子式　　　　　　　　　　　　　　b. 铡刀式

图 1-3-1　LED 发光猫用趾甲剪

(3)说明　好的趾甲钳（刀)要求刀片锋利,刀口平整,刀头可更换或修磨。

9.止血钳

(1)用途　用于拔除内外耳毛,清理耳道,夹除齿缝异物及体表寄生虫。

(2)类型　按长短可分大、中、小号。按形状分为直型和弯型。一般宠物美容用小号弯型钳。

10.拔毛刀

(1)用途　可拔除死毛,加速毛发新陈代谢,使毛质硬化,以符合㹴类犬或刚毛犬的毛质要求。它是犬类专用工具,定期使用,可使犬只处于最佳毛质状态。

(2)类型

SS 细目刀(有刃型):上下毛连拔带割,适用于头部(耳、颊、头盖及混合部位)。

S 中目刀(有刃型):适用于头、前胸、尾、大腿内侧。

M 粗目刀(无刃型):适用于体躯(背、胸、腹)。

(3)说明　㹴类犬大多被毛粗硬,但因分布位置不同,毛的粗细有所差别,因此,需要选择合适的刀具,适用于各部位的分区拔毛。

11.吸水巾

(1)用途　沐浴后吸干被毛水分。

(2)说明　吸水巾由吸水海绵制成,体积小,吸水量大,可重复使用,是宠物美容的必需品。

好的吸水巾要求收缩膨胀比高,表面光滑不伤毛,耐拧耐拉,常湿状态下不易发霉。

12.分界梳

(1)用途　用于给犬扎辫以及包毛时给毛发分股。

(2)说明　一侧有齿,很密集;另一侧为握柄,握柄末端较细,容易使毛发分离。

13.美容纸

(1)用途　保护毛发及造型扎辫使用。

(2)类型

①美式:混合塑胶成分,防水,但透气性差。

②日式:颜色多样化,美观但不防水。

(3)说明　长毛犬发髻的造型结扎,以及全身被毛保护性的结扎,都需使用美容纸来固定,以便与橡皮筋作阻隔缓冲。好的美容纸要求具有良好的透气性和伸展性,耐拉、耐扯,不易破裂。长、宽适度(长 40 cm,宽 10 cm)。

14.橡皮筋

(1)用途　毛发结扎固定使用。

(2)类型　根据材质分为乳胶和橡胶两种。前者不粘毛、不卷纸,但弹性稍差。后者弹性佳、价廉,但易粘毛。

(3)说明　美容纸、蝴蝶结、发髻、被毛等的固定,以及美容造型的分股、成束,都需利用不同大小的橡皮筋,一般最常使用的大约是 7 号和 8 号,超小号的使用者大都是以犬展为目的的专业美容师。

15.染毛刷

这是为方便宠物染毛而特设的产品,一头是斜面毛刷,用来上染毛剂为宠物染毛;另一头是梳子,可在染完毛之后梳理毛发,让颜色更快渗入。

16.染色膏

染色膏用于宠物被毛的染色造型,多数采用天然成分,色彩比较艳丽。

17.美容师服(围裙)

美容师服具有防水、防毛、防静电的作用,是美容师工作中必备的服装。

18.耳粉

这对耳朵起到消炎、止痒的作用,同时减轻因拔毛而引起的不良反应或炎症,还可起到防滑的作用。

19.洗耳水

清洁宠物耳道内分泌物时使用。

20.滴眼液

清洁宠物眼睛周围的脏污,同时保护眼睛。

21.止血粉

止血粉是给宠物修剪趾甲时的必备用品,以便剪出血时迅速止血。

二、常用美容器材的介绍

常用美容器材包括洗浴设备,吹干设备及美容操作台等。吹干设备根据具体用途和结构又分为吹风机、吹水机、宠物烘干机(箱)等。

1.吹风机

(1)用途　宠物被毛干燥、整形。

(2)类型

①台式:置于工作台上,可以随时调整位置,价格低廉,但占用操作空间,国内很少使用。

②立式:有滑轮脚架可以四处移动,出风口可360°旋转,中等价格,使用最广泛。

③壁挂式:固定于墙壁,有可移动的悬臂(高低45°,左右180°),最节省空间,价格昂贵。

(3)说明　好的吹风机要有耐用的电动机,热量和风量可以调节,出风口上下左右可调节,进风口容易清理。

2.吹水机

(1)用途　快速吹掉宠物被毛表面的水分和下层绒毛上的水分,极大地提高了工作效率。一般在使用吹风机吹干之前,先使用吹水机吹到七八分干,这样可以加快被毛干燥时间,避免宠物感冒。

(2)类型　根据温度和风速的不同可分为变频吹水机和不变频吹水机;根据放置方式的不同可分为台式、立式和壁挂式三类(与吹风机类似)。

(3)使用注意事项

①保持进风口畅通,不得有障碍物阻隔,以防烧坏机体。

②风量开关未打开前,不得打开加热开关。

③定期清理进风口网,保持风口清洁通畅。

④进风口应远离水源,以防吹水机内进水。

⑤风量开关灯打开后,未有风吹出时,应检查电源是否连接好。

(4)说明　吹水机具有极高的出口风速,可将宠物下层绒毛内的水迅速打散吹飞,且带有辅助加温功能,能够最大限度地缩短被毛的干燥时间,尤其适用于洗完澡不需要修剪造型的犬。

3.宠物烘干机(箱)

(1)用途　自动烘干宠物被毛。

(2)类型　多为不锈钢材质,有大、小不同尺寸。按功能分为只具有烘干功能的烘干机和附带洗澡功能的烘干机。另外,不同厂家生产的还附加了一些不同的辅助功能,如定时功能、自动控温功能等。

(3)说明　宠物烘干机(箱)是宠物美容店必备的美容工具之一,此设备应为全不锈钢材质,易于清洁消毒,防刮抗震。使用时应注意以下问题。

①依毛量及体型控制时间。

②发情母犬不可与任何公犬同箱烘干。

③老犬及紧张型犬、猫不可使用,应改用手吹,因前者易休克,后者容易在箱内跳跃、冲撞,易受伤。

④及时清理机器,防止意外发生。

⑤除非温度较低,烘干箱内的温度一般在 40℃ 以下最为适宜。

4.美容桌(台)

(1)用途　美容时可用绳套将犬固定在美容台上,保证宠物安全,并能够起到止滑保定的作用。

(2)类型　因使用的场合不同,大约可分为下列几种类型。

①轻便型:轻便,易于携带,适合犬展或旅行等需要外出时使用。

②工作型:稍重,但稳固,犬只躁动时不会摇晃,是宠物美容业使用最普遍一种工作桌。

③油压或气动型:沉重且不易移动,但可自由调整高低、并可做 360°旋转,不管什么类型的犬只,美容时可以配合美容师的身高和习惯进行调整。

(3)说明　没有经过训练的犬、猫不会安静地让美容师对其进行美容,因此,有一个能够保定、防滑、安全的美容台是必要的。美容台的高度要适合美容师的身高,固定杆要稳固,高度可以根据犬、猫身高自由调整,桌面容易清理。

【技能训练】

训练目标

1.认识各种美容工具及美容设备,并能正确使用。

2.能正确保养各种美容工具与设备,做好定期清洁及消毒工作。

材料准备

1.动物　长毛犬和短毛犬各一只。

2.工具　美容梳、针梳、分界梳、开结刀、鬃毛刷、电剪、直剪、弯剪、牙剪、趾甲钳、拔毛刀、止血钳、吹风机、吹水机、烘干箱、洗浴缸(盆)。

步骤过程

(1)识别宠物美容工具(图 1-3-2)

识别美容梳、针梳、分界梳、电剪、直剪、弯剪、牙剪、鱼骨剪、趾甲钳、趾甲锉、止血钳、吹水机、吹风机、美容桌等美容工具,并分清各工具用途。

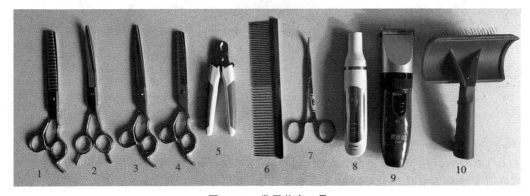

图 1-3-2　常用美容工具

1.鱼骨剪　2.弯剪　3.直剪　4.牙剪　5.趾甲钳　6.美容梳
7.止血钳　8.电动指甲锉　9.小电剪　10.针梳

(2)练习美容梳、趾甲钳、拔毛刀、止血钳、开结刀的手持方法和使用方法。

①美容梳:包括针梳、柄梳、排梳、分界梳、鬃毛梳等。常用的有针梳和排梳。

a.针梳　拇指食指轻轻握住梳柄部分,其余手指轻轻放在梳柄背面托住即可。梳犬前先在自己手臂内侧试针梳力度和角度,感受是否疼痛,然后在犬的身体上使用。

b.柄梳　拇指食指轻轻握住梳柄部分,其余手指轻轻放在梳柄上即可,依靠梳子自身重量梳理犬的毛发。

c.排梳　拇指食指夹住梳子一端,中指轻轻顶在梳子上。去除死毛或整理底毛时,用四根手指捏住梳子背部(不要握),把拇指放在梳齿上。去除死毛或整理底毛时,用四根手指捏住梳子背部(不是握),拇指放在梳齿上。

②趾甲钳:分为普通钳子式和铡刀式、LED发光钳子式和铡刀式。

③拔毛刀:食指握住刀刃和刀柄的连接处,其余的第二关节也握住刀柄,拇指搭放在刀刃的一侧。

④止血钳:拇指和中指插入两个环中,食指搭放于钳柄上。

⑤开结刀:四指第二关节握住刀柄,拇指按住刀刃侧面的弹簧片上。

各种工具持握方法如下(图1-3-3):

a.针梳手持法

b.美容(排)梳手持法

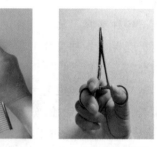
c.止血钳手持法

d.趾甲钳手持法

e.开结刀手持法

f.拔毛刀手持法

图1-3-3　各种工具持握法

(3)练习使用电剪

①电剪刀头拆卸与安装训练:左手抓住电剪,右手护住刀头后侧,双手拇指按压刀头两侧即可将刀头推离刀身。刀头卡位插入刀身卡槽内,双手抱住电剪,拇指按压刀头底面,用力推压至刀头贴合至刀身上(图1-3-4)。

②电剪使用训练:顺剃——沿着毛发走向剃毛的方法;逆剃——逆着毛发走向剃毛的方法。这两种方法留毛长度不同,根据部位不同采用不同方法。

③持握方法:电剪的手持方法有手握式和抓握式。分别用两种方法为实验犬剪毛。使用

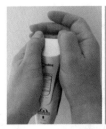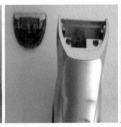

图 1-3-4　电剪刀头拆卸方法

电剪剃毛时无须用力,托住手柄靠近刀刃部分(图 1-3-5a)即可保持电剪的稳定。用力抓握(图 1-3-5b)会使刀刃压在皮肤上,易造成皮肤擦伤,应加以注意。

a.　　　　　　　　　　　　　　　b.

图 1-3-5　电剪持握方法

(4)电剪保养练习

①清理:使用毛刷清理灰尘及残留毛发。

②保养:使用剪刀油滴入电剪刀头一端,开启电源让剪刀油均匀润滑刀头。

(5)使用电剪要注意以下几点:

①手握电剪要轻、灵活。

②刀头平行于犬皮肤平稳地滑过,移动刀头时要缓慢、稳定。

③要确定刀头号是否合适,要先在犬的腹部剪一下试试。

④在皮肤敏感部位要随时注意刀头温度,如果温度高,需冷却后再剪。

⑤在皮肤褶皱部位要用手指展开皮肤再剪,避免划伤。

⑥耳朵皮肤薄、柔软,要铺在掌心上平推,注意压力不可过大,以免伤及耳朵边缘皮肤。

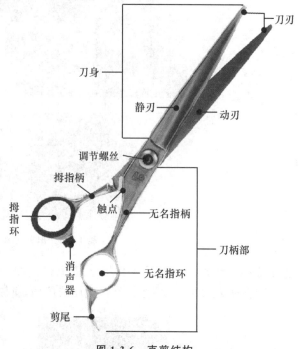

⑦用完后立即清理刀头,注意刀头的保养。

(6)直剪的练习

①剪刀结构识别:直剪由刀身和刀柄两部分组成。刀身主要由动刃和静刃构成,刀柄主要由拇指环与动刃相连,无名指环对应静刃。动刃与静刃之间有调节螺丝固定,并能调节剪刀开合的松紧程度(图1-3-6)。

②剪刀的手持方法和运剪方法。

a.将无名指伸入一指环内。

b.食指放于中轴后,不要握得过紧或过松。

c.小拇指放在指环外支撑无名指,如果两者不能接触,应尽量靠近无名指。

d.将大拇指抵直在另一指环边缘,拿稳即可(图1-3-7)。

e.按照运剪口诀练习水平、垂直、环绕运剪。

运剪口诀:由上至下、由左至右;动刃在前、静刃在后;眼明手快、胆大心细。

图 1-3-6　直剪结构

图 1-3-7　直剪的手持法

③剪刀保养与清洁:使用后的剪刀要注意将剪刀环、剪臂及刀刃上的碎毛清洁干净,然后采用专业的保养消毒剂或高温、臭氧、紫外线等方式进行消毒以免交叉感染皮肤病。

(7)清洁消毒整理训练　使用完美容工具后清点工具并进行消毒杀菌后整齐地放入工具箱中,清理工作场所。

(8)识别美容设备

①洗澡设备:热水器、压力喷头、洗浴缸、消毒桶。

②吹干设备:吹水机、吹风机、烘干箱。

③美容台:折叠式美容台、液压升降式美容台、便携式美容桌。美容台分长方形、圆形,桌面均为防滑防水的橡胶材质(图1-3-8)。

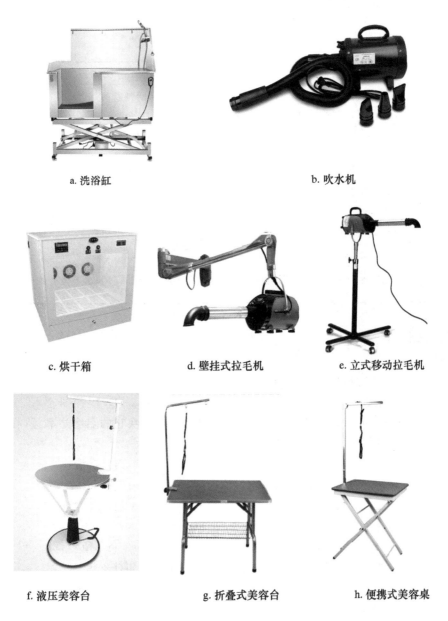

a. 洗浴缸　　　　　　　　　　　b. 吹水机

c. 烘干箱　　　　d. 壁挂式拉毛机　　　　e. 立式移动拉毛机

f. 液压美容台　　　　g. 折叠式美容台　　　　h. 便携式美容桌

图 1-3-8　常用美容设备

【任务评价标准】

　　优秀等级: 能准确说出所有美容工具和美容设备及美容用品的名称;能完全正确地使用各种美容工具;完全正确操作各种美容设备;能够准确合理的清洁和消毒工具、设备及美容场所,做好工具整理的工作。

　　良好等级: 能比较准确说出所有美容工具和美容设备及美容用品的名称;能较好地使用各种美容工具;较好的操作各种美容设备;能做到清洁和消毒工具、设备。

　　及格等级: 能大致说出所有美容工具和美容设备及美容用品的名称;能正确使用重要美容

工具;较好的操作常用美容设备。

【项目总结】

任务点	知识点	必备技能
犬、猫身体结构	犬、猫体表结构;犬、猫消化系统;犬、猫骨骼结构、呼吸、循环、泌尿生殖、感官系统	牙齿结构与犬龄判断 犬体尺测量 识别犬、猫体表及各系统结构
宠物保定方法	犬、猫习性、常用保定工具用途与分类	徒手保定 1.接触与正确抱犬　2.正身保定　3.反身保定 4.美容台保定 工具保定 1.嘴套保定　2.绷带保定　3.项圈保定 4.站姿训练
美容工具与设备识别	常用美容工具与设备的用途和分类	美容工具的识别与使用、美容设备的识别与使用

【职业能力测试】

一、单选题

1. 通常犬在出生(　　)后口腔内全部更换为恒齿。

    A.5~6个月　　　　　B.8个月　　　　　C.12个月　　　　　D.18个月

2. 第一次接近陌生犬时要先了解犬是否具有攻击性,可以边唤它的名字边靠近,在其视线下方用(　　)去试探,使其安定放松警惕。

    A.手背　　　　　B.手臂　　　　　C.手心　　　　　D.手指

3. 犬的体高是指(　　)顶点到地面的垂直高度。

    A.头部　　　　　B.耳朵　　　　　C.鼻子　　　　　D.肩胛骨

4. 犬的恒齿式=(　　)。

    A.0033/4033　　　　　B.3133/3133　　　　　C.3140/3143　　　　　D.3142/3143

5. 在犬、猫头部或者身体其他部位有外伤,防止它抓挠可以使用什么方法?(　　)

    A.嵌口法　　　　　B.绷带法　　　　　C.徒手保定法　　　　　D.伊丽莎白项圈保定法

6. 短毛犬梳理时应选择哪种工具?(　　)

    A.鬃毛梳　　　　　B.针梳　　　　　C.排梳　　　　　D.分界梳

7. 剪犬的趾甲不需要用到(　　)工具。

    A.趾甲剪　　　　　B.指甲锉　　　　　C.止血粉　　　　　D.止血钳

8. 宠物犬美容过程中,用于配合剪刀挑毛的美容工具是(　　)。

    A.针梳　　　　　B.排梳　　　　　C.美容剪　　　　　D.电剪

9. 可用于快速去除足底、腹下及肛门周围被毛的美容工具为(　　)。

    A.针梳　　　　　B.止血钳　　　　　C.电剪　　　　　D.拔毛刀

10. 小直剪主要用于修剪犬的(　　)。

    A.脚底毛　　　　　B.头部　　　　　C.四肢　　　　　D.尾部

11. 电剪刀头的号越大所留的被毛（　　）。
     A.越短　　　　　　 B.越长　　　　　 C.不变　　　　　 D.以上都不对

12. 美容工具中牙剪的主要作用为（　　）。
     A.修剪　　　　　　 B.造型　　　　　 C.快速剃毛　　　 D.打薄

13. 针对针梳梳不开的严重打结毛球可以使用（　　）。
     A.电剪　　　　　　 B.毛刷　　　　　 C.牙剪　　　　　 D.开结刀

14. 直剪的运剪口诀为（　　）。
     A.由下至上、由左至右；静刃在前、动刃在后
     B.由下至上、由右至左；动刃在前、静刃在后
     C.由上至下、由右至左；静刃在前、动刃在后
     D.由上至下、由左至右；动刃在前、静刃在后

15. 电剪的刀头在使用前都要（　　），每次使用完之后都要彻底清理，并涂上润滑油，保持做周期性的保养。
     A.用水冲洗　　　　 B.涂抹润滑液　　 C.去除防锈保护层　　 D.去除残留毛发

16. 一般梳理犬只耳部毛发时，美容师不会运用（　　）来做梳理。
     A.刀梳　　　　　　 B.针梳　　　　　 C.排梳　　　　　 D.木柄梳

17. 梳理长毛种犬只时，下列（　　）是最适当的。
     A.刀梳　　　　　　 B.木柄梳　　　　 C.排梳　　　　　 D.尖尾梳

18. 使用针梳梳理毛发时，梳面的角度应与犬只身体呈（　　）。
     A.纵向　　　　　　 B.平行　　　　　 C.垂直　　　　　 D.斜面

19. 被毛打结时，专业美容师不会使用（　　）来做梳理。
     A.针梳　　　　　　 B.排梳　　　　　 C.蚤梳　　　　　 D.刮刀

20. 洗澡前梳理被毛如发现有缠结时，应（　　）。
     A.先梳后洗　　　　　　　　　　 B.直接下水
     C.喷上解结液后即下水　　　　　 D.涂抹润丝精后即下水

21. 下列（　　）不是清洁耳道需要使用的工具和用品。
     A.止血钳　　　　　 B.耳粉　　　　　 C.清耳液　　　　 D.拔毛刀

22. 保定的方法有徒手保定和工具保定，下列（　　）工具较不适合。
     A.伊丽莎白项圈　　 B.口罩　　　　　 C.牵绳　　　　　 D.胶带

23. 在美容修剪时，如犬只不喜欢站立，可用的保定方式是把手伸到犬只的（　　）来保定它。
     A.脚部下方　　　　 B.颈部下方　　　 C.腰部下方　　　 D.尾巴下

24. 剪趾爪时，被施作的宠物如不愿站立，可用（　　）方式保定。
     A.固定右前肢　　　 B.固定左前肢　　 C.用手和身体抱住　　 D.固定后肢

25. 宠物美容师在美容过程进行中，最应避免发生的状况是（　　）。
     A.被咬伤或抓伤　　 B.宠物排遗　　　 C.工具掉落　　　 D.宠物摔落致受伤死亡

26. 长毛犬种短型剪法不会用到下列（　　）。
     A.层次剪　　　　　 B.直剪　　　　　 C.电剪　　　　　 D.拔毛刀

27. 宠物剪短型时，不建议使用（　　）的电剪头剃除身体毛发。
     A.5 mm　　　　　　 B.0.1 mm　　　　 C.8 mm　　　　　 D.3 mm

28. 使用烘箱辅助吹干过程中,不需注意(　　　)。
　　A.动物急促喘息声　　　　　　　　　B.动物的哀鸣声
　　C.动物是否想吃东西　　　　　　　　D.温度和时间

二、多选题

1.下列抱犬方式中正确的是(　　　)。
　　A.双手将犬的前肢握住抬起
　　B.同时抱住两只小型犬
　　C.一只手放在犬的前肢和胸下面,另一只手托住后肢和臀部
　　D.美容师先蹲下,一只手搂着胸部和前肢,另一只手搂着臀部,将犬搂到胸前抱起

2.电剪的常用手持方法有(　　　)。
　　A.手握式　　　　　　B.抓握式　　　　　　C.指持式　　　　　　D.后持式

3.下列属于犬中轴骨的为(　　　)。
　　A.头骨　　　　　　　B.前肢骨　　　　　　C.躯干骨　　　　　　D.后肢骨

4.对于咬人的犬只,可使用(　　　)对其进行保定,以免咬伤工作人员。
　　A.绳圈　　　　　　　B.绷带　　　　　　　C.嘴套　　　　　　　D.伊丽莎白项圈

三、判断题

(　　)1.美容台保定法是目前修剪造型最常用的一种保定方法。

(　　)2.为宠物梳刷被毛时可使用人用的梳子和刷子。

(　　)3.宠物修剪用剪刀可以用于修剪头发或纸张。

(　　)4.电剪刀头的型号标数越小,则剪去的毛越长。

(　　)5.吹风机常用于犬的被毛烘干或被毛拉直。

(　　)6.用于修剪犬被毛的剪刀不可以打空剪和修剪被毛以外的任何物体。

(　　)7.在使用梳理刀时,一般用右手逆向拨弄犬的被毛,左手拿梳理刀。

(　　)8.不同年龄的犬牙齿的数量、光洁度和磨损程度不同,因此,可以通过观察犬的牙齿粗略判断犬的年龄。

项目二

宠物的基础护理技术

【项目描述】

本项目是根据宠物健康护理员、宠物美容师等岗位需求进行编写。本项目为宠物美容师必须掌握的相关知识，包括对宠物犬的基础护理项目，具体内容主要是趾甲修剪、耳道清洁、被毛梳理、眼睛部位清洁、宠物犬洗澡、宠物犬被毛吹干、拉直梳理等相关技术。通过本项目的训练，让学生具有独立完成宠物犬基础护理的技能，同时还能指导宠物主人在家里为宠物犬做好日常被毛的护理工作，另外对于宠物犬经常易患的耳部及皮肤类疾病也具有相关的护理和治疗能力，在工作中能够得心应手，为从事宠物健康护理员、宠物美容师等工作做好准备。

【学习目标】

1. 掌握宠物犬皮肤结构特点和毛发特点，能为宠物犬做好日常毛发梳理工作。
2. 掌握宠物犬趾甲修剪方法，能在保护宠物福利的基础上为宠物修剪趾甲。
3. 掌握宠物耳道清洁技术，能为宠物无痛拔除耳毛并清洁耳道内污垢，并掌握预防耳螨等耳部疾病的方法。
4. 掌握宠物洗澡的操作流程，能够独立完成宠物洗澡工作。
5. 掌握宠物吹水、吹毛机的使用方法，能为宠物吹干毛发并梳顺毛发。

【情境导入】

被毛的重要作用

美容师张静的朋友带过来一只身上打满了毛结，并且又脏又臭的狗。据主人介绍这是一只刚分娩一个月的母犬，面对这样的宠物犬要怎样对它进行全面的护理呢？

分析提示：

首先必须进行洗澡，但是在洗澡之前需要先对它的毛发进行梳理，否则即使洗澡仍然不能洗除藏在毛结中的污垢；其次还需要对它进行相关项目的清洁。

问题：

1. 这只宠物犬需要做哪些项目的护理？
2. 为了让宠物更加健康、毛质更加光亮，还应该增加哪些护理项目？

任务 2-1　被毛的刷理与梳理

一、犬的皮肤特点

犬的皮肤干燥,汗腺不发达,皮肤被覆于体表,皮肤厚度因不同品种差别很大,由外向内依次分为表皮、真皮和皮下组织三层(图 2-1-1)。表皮由复层扁平上皮构成,表皮不断角质化、脱落,深层细胞不断分裂增殖以补充脱落的细胞。表皮内有大量的神经分布和密集的感觉末梢,能感受疼痛刺激、压力、温度和触摸,在指和趾末尖上的表皮角质化成为钩爪。钩爪发达而锋利,有攻击、攫食和掘土作用。真皮厚,由致密结缔组织构成。真皮内有毛囊、立毛肌、汗腺、皮脂腺以及丰富的血管、淋巴管和神经分布。汗腺、皮脂腺和乳腺都属于皮肤衍生物。乳腺位于胸部和腹正中部的两

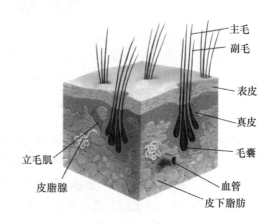

图 2-1-1　皮肤结构

侧,有 4~6 对;汗腺不发达,只在趾球和趾间的皮肤上有汗腺;皮脂腺多位于唇、肛门、躯干的背面和胸骨部,分泌皮脂,经导管开口于皮肤表面而涂于毛上,使毛具有光泽和弹性。

二、犬的被毛特点

犬的被毛具有保护犬免遭外界刺激和有助于维持正常体温的作用。被毛的结构由外层毛和次生毛两部分组成。外层毛或称粗硬毛,主要负责保护皮肤,特点是硬、厚、长;次生毛是短并呈绒状的保护性下毛(又称底毛),主要负责调节温度,质地柔软。厚厚的下毛对寒冷地区的犬来说很重要,但并非所有的犬都有下毛。被毛还具有美观和保护的功能,并能反映犬的整体健康状况。被毛可以是纯色的,也可以是杂色的。犬被毛的健康生长与汗腺和皮脂腺的关系很大。被毛是一种角质的、柔软的、有弹性的丝状物。被毛的长度、粗细以及质地各不相同,它们的形状也不同,有直立的、柔软的、波浪状的、卷曲的等。犬的被毛在躯体的不同部位分布不同,质地也不同,一般把头部、耳部、四肢远端的被毛称为饰毛,饰毛与其他部位的被毛相比更美观。许多因素都可以影响被毛的特征,年龄太大、营养不良或健康欠佳的犬被毛会出现无光泽、质脆、变色等问题。

另外,毛质也是犬的一个品种特征,如马尔济斯犬、西施犬、约克夏狸犬、阿富汗猎犬、可卡犬等犬种为绢丝状被毛,柔软有垂顺感,细直;英国古老牧羊犬为麻丝状被毛,粗硬有膨胀感;北京犬的被毛则为棉丝状,介于刚毛和绢丝毛之间;贵宾犬、比熊犬、贝灵顿狸犬等为羊毛状被毛,卷曲、容易站立,多数狸类犬为刚毛,单层粗硬,需要拔毛;大白熊犬、萨摩耶犬、松狮犬及博美犬等为束状毛,双层、开立、外毛粗硬、底毛柔软;匈牙利波利犬被毛为一缕一缕的绳状毛。

三、犬被毛的生成与换毛

1. 被毛的生成

犬被毛的毛根是从皮肤的斜面中长出来的,生成的角度由毛囊的角度决定。犬身体的不同部位生成毛的角度也各有差异,㹴类犬的毛囊角度与皮肤的倾斜角为 20°,被毛与皮肤面呈钝角;犬身体的颈侧、前胸、肘、下胸、骨盆等部位,易长出杂乱的毛涡。一般来说,被毛的生长速度和皮肤的血液循环有关。温暖的季节,犬身体血液循环通畅,被毛生长快。同时被毛的生长与犬的营养也有关,犬的营养好,被毛生成率就高;反之,被毛生成率就较低。如果妊娠犬营养不良,则其仔犬的毛囊发育不全,被毛细软,缺乏韧性。

2. 换毛

犬出生 3 个月后,胎毛逐渐脱落,生长出被毛。被毛每天都会新陈代谢,但是季节更替时,犬的被毛会大量脱落,即换毛。犬的换毛具有周期性的,春秋两季是换毛期。被毛是在毛囊生长发育时生成的,当毛囊处于休止期时被毛也会停止生长。换毛时,首先从毛囊中脱落毛根,在下一个周期生长,长出新毛;外层毛不像次生毛那样具有周期性的脱换,可以随时拔除,同时可于毛囊中长出新毛。不同的犬种换毛方式也各不相同,短毛犬比长毛犬的被毛更换快。毛的脱换还与犬体内激素分泌有关。此外,在日照、紫外线等外界因素的刺激下,犬也会长出新毛。

四、猫皮肤和被毛的特点

皮肤和被毛不仅构成了猫漂亮的外貌,还有十分重要的生理功能。皮肤和被毛是猫的一道坚固的屏障,可以保护机体免受有害因素的损伤;在寒冷的冬天,还具有良好的保温性能;在夏天,又是一个大散热器,起到降低体温的作用。猫的被毛很稠密,可分为针毛和绒毛两种。

猫皮脂腺发达,其分泌物能润泽皮肤,使被毛变得光亮。猫汗腺不发达,只分布于鼻尖和脚垫。猫散热主要通过皮肤辐射散热或呼吸散热,所以猫虽喜暖,但又怕热。

五、犬、猫被毛刷理与梳理的意义

梳刷犬、猫的被毛,不但可以增进人与犬、猫之间的感情,而且有益于犬、猫的皮肤健康。被毛的梳刷是被毛护理的第一步,也是最重要的一步,通过梳刷能够去除死毛和死皮,促进血液循环,有利于被毛的生长,同时还能刺激皮肤与分泌油脂,增加被毛光泽,起到皮肤保健的作用。梳刷不但可以初步改变犬、猫的整体形象,也是后续美容操作的基础。

此外,猫有舔食被毛的习惯,平时猫的身体表面总会有少量脱落的被毛,到了换毛季节,脱毛现象更加严重。猫一旦将脱落被毛吞进胃里,极易引起毛球病,造成猫消化不良,影响猫的生长发育,经常为猫梳理被毛,可达到及时清理脱落被毛的目的,防止毛球病的发生。

【技能训练】

实训目标

1. 掌握宠物犬皮肤结构及毛发的特点。

2. 掌握宠物梳毛的方法和技巧,能为不同毛发类型的犬进行正确的梳毛及毛发护理。

宠物的被毛护理

材料准备

(1)动物　长毛犬、短毛犬和长毛猫、短毛猫每组各一只。

(2)工具及用品　美容梳、针梳、分界梳、开结刀、鬃毛刷、钢丝刷、针刷、橡胶刷、解结膏、美容粉。

步骤过程

1. 犬被毛的刷理

(1)工具选择　长毛犬应选择圆头针刷或鬃毛刷,为了避免其较长的被毛被扯断,不要使用钢丝刷;短毛犬可使用平滑的钢丝刷;光毛犬则可选择橡胶刷。

(2)刷理的顺序　通常从犬的左侧后肢开始,从下向上,从左至右,依次刷理后肢—臀部—身躯—肩部—前肢—前胸—颈部—头部(图2-1-2)。一侧刷理完毕换另一侧,最后刷理尾部,刷理肩部时不要忽略腋窝部位。

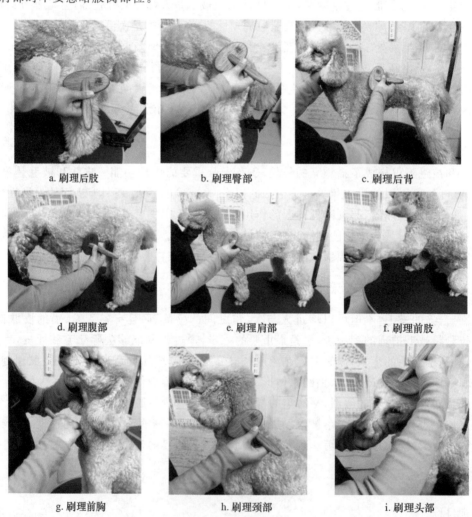

a. 刷理后肢　　　　b. 刷理臀部　　　　c. 刷理后背

d. 刷理腹部　　　　e. 刷理肩部　　　　f. 刷理前肢

g. 刷理前胸　　　　h. 刷理颈部　　　　i. 刷理头部

图2-1-2　犬的被毛刷理

(3)分层刷理　一只手掀起被毛,轻轻压于掌下,另一只手从被毛根部向外刷理,保证一层一层地进行刷理,每层之间要看得见皮肤。

（4）反复刷理 确保刷遍犬全身，包括尾巴和足部，刷掉死毛和灰尘。

（5）刷开小毛结 如果遇到毛结，应先用手轻轻将毛结拉松，再压住毛根，将毛结一点点梳开。如果毛结过大或较结实，则去除毛结。若打结情况严重，可用解结刀及底毛耙帮助清理毛结，但缺点是失毛量多，毛发亦会出现不完整。若要清除严重毛结时，便需加上解结膏、美容粉等产品，帮助清除毛垢，令损毛情况大大减少。

2. 犬被毛的梳理

（1）梳理的顺序 用美容梳由颈部开始，由前向后，由上而下，依次梳理颈—肩—前肢—胸部—背部—侧腹—腹部—尾部—后肢（图 2-1-3），最后梳头部。梳理方法是先顺梳，后逆梳，再顺梳。梳完一侧，再梳另一侧。

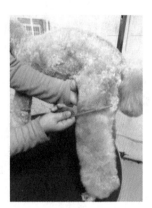

a. 梳理前肢　　　　　　　　b. 梳理颈背部　　　　　　　　c. 梳理腿部

图 2-1-3　犬被毛的梳理

（2）去除被毛毛结的方法 遇到较大的毛结可以用以下 3 种方法处理：

①用宽齿梳轻轻拨开较松的毛结。

②用开结刀轻轻将较紧的毛结去除（图 2-1-4）。

③如果毛结很紧、很大，可用剪刀顺毛方向将毛结剪开，再梳理。如果还梳不开，则直接贴着皮肤将毛结剪除，但要小心不能伤及犬的皮肤（图 2-1-5）。

图 2-1-4　开结刀开毛结　　　　　　　　图 2-1-5　剪刀剪除毛结

3.短毛猫的刷理与梳理

①用钢丝刷或金属密齿梳顺着毛的方向由头部向尾部梳刷。

②用橡胶刷沿毛的方向进行刷理。

③梳刷后,可用丝绒或绸子顺着毛的方向轻轻擦拭按摩被毛,以增加被毛的光泽度。

④梳理顺序是,先从背侧按照头部—背部—腰部的顺序进行,然后将猫翻转过来,再从颈部向下腹部梳理,最后梳理腿部和尾部。短毛猫因为毛质较硬,毛发较短,每周梳理两次即可,每次约 30 min。

⑤短毛品种平时进行被毛护理时,使用一块柔软湿布轻轻擦拭被毛,即可达到去除死毛和污垢的作用,只有当被毛污垢很明显时,才进行刷洗处理。

4.长毛猫的刷理与梳理

①长毛品种要每天刷毛 1 次,每次 5 min。

②用钢丝刷清除体表脱落的被毛,尤其是臀部,应特别注意要用钢丝刷刷理,此部位脱落的被毛很多。

③刷子和身体成直角,从头至尾顺毛刷理;当被毛污垢较难清除时,可逆毛刷理。

④用宽齿梳逆向梳理被毛,梳通缠结的被毛,有助于被毛蓬松,还能清除被毛上的皮屑。

⑤用密齿梳进行梳理。颈部的被毛用密齿梳逆向梳理,可将颈部周围脱落被毛梳掉,同时形成颈毛。

⑥面颊部的被毛用蚤梳或牙刷轻轻梳刷,注意不要损伤到眼部。

⑦长毛猫每天要梳理被毛一次,每次梳理 15～30 min。当猫的被毛又脏又潮时,可先撒些爽身粉,再进行梳理,被毛就很容易变得松散。

注意事项

(1)在梳理被毛前,若能用热水浸温的毛巾先擦拭犬的身体,被毛会更加光亮。

(2)梳刷被毛时应使用专门的工具,不能使用人用的梳子和刷子。

(3)梳毛时动作应柔和细致,用力适度,防止拉断被毛或划伤犬的皮肤。梳理敏感部位(如外生殖器附近)的被毛时尤其要小心,避免引起犬的紧张、疼痛。

(4)给比较温顺的犬、猫梳理被毛时可以让其侧卧在美容台上,这样可以让宠物更加舒适。

(5)梳毛时观察犬的皮肤,清洁的粉红色为良好。如果有外伤则需及时处理;如果呈现红色或有湿疹,则可能患有寄生虫病、皮肤病等疾病,应及时通知宠物主人,予以治疗。

(6)发现虱、蜱、蚤等寄生虫的虫体或虫卵后,应及时用钢丝刷进行刷拭,或使用杀虫药物进行治疗。

(7)若犬的被毛沾染严重,在梳毛的同时,应配合使用护发素和宠物干洗粉。

(8)对细毛(底毛)缠结较严重的犬,应以梳子或钢丝刷子顺着毛的生长方向,从毛尖开始梳理,再一点一点梳到毛根部,不能用力梳拉,以免引起犬的疼痛或是将被毛拔掉。

(9)猫比较难控制,要从小训练,定期梳理,养成习惯。在梳刷被毛前,最好先给猫剪趾甲以防止被抓伤。猫对噪声非常敏感,要在非常安静的环境中进行。

（10）对于特别难控制的猫，最好由一位助手来帮助完成保定工作。

（11）为猫进行刷理时，最好选择不易起静电的鬃毛刷。

（12）美容师在工作过程中要佩戴口罩，完成任务后要及时洗手。

（13）梳刷被毛的顺序是为初学者提供的，不是必须严格遵从的，可根据宠物特点和身体状况调整顺序，只要全身都梳刷到位即可。

【技能评价标准】

优秀等级：掌握宠物犬、猫皮肤结构特点，了解宠物犬毛发特点，正确为宠物犬、猫毛发进行刷理和梳理工作，同时对宠物犬毛结进行合理有效地去除。

良好等级：较好掌握宠物犬、猫皮肤结构特点，了解宠物犬毛发特点，较好为宠物犬、猫毛发进行刷理和梳理工作，基本能对宠物犬毛结进行去除。

及格等级：基本了解宠物犬、猫皮肤结构特点和毛发特点，能为宠物犬、猫毛发进行刷理和梳理工作。

任务 2-2　局部的护理技术

一、宠物犬多泪的原因

泪液由泪腺分泌，随着眼睛眨动扩散到整个眼球，最后汇集到泪点，顺着泪小管流到鼻泪管，最后到达鼻腔。泪液除了起湿润眼球的作用，还可以冲刷细菌。而且，泪液中的溶菌酶还起到杀菌的作用，保护眼睛和鼻咽黏膜。泪腺分泌的主要神经弧起自角膜反射，经第五脑神经到达脑干，然后到达第七脑神经。

很多宠物犬，尤其是白毛犬，经常流泪，在眼角形成红褐色的泪痕，非常影响美观。如果能够找到宠物犬多泪的原因，并及时预防和处理，就会避免泪痕的出现。

由泪腺分泌的过程可知，造成宠物犬流泪增多的原因有两个方面：①泪腺异常，过量地分泌泪液，导致泪水增多；②鼻泪管异常，泪液排泄不畅，导致泪液从内眼角流出。但是引起这两方面原因的还有一些具体的情况，不同的情况有不同的处理方法（表 2-2-1）。

表 2-2-1　宠物犬多泪的原因及处理方法

根本原因	具体原因	易患犬种	处理方法
泪液分泌增多	异物刺激（浴液或化学物质）	各种犬	冲洗眼睛
	结膜炎和角膜炎	各种犬	用抗生素眼药水
	眼睑外翻和眼睑内翻	拉布拉多犬、可卡犬、蝴蝶犬、马尔济斯犬、沙皮犬、斗牛犬、大白熊犬、圣伯纳犬	手术治疗
	外耳炎	各种犬	治疗外耳炎
	面部皮肤病	各种犬	治疗皮肤病

续表 2-2-1

根本原因	具体原因	易患犬种	处理方法
泪液排泄不畅	鼻泪管生理性结构异常	北京犬、西施犬	勤擦
	鼻泪管阻塞	博美犬、比熊犬、贵宾犬	疏通鼻泪管
	泪点受挤压	博美犬、比熊犬、贵宾犬、西施犬、吉娃娃、腊肠犬、巴哥犬、北京犬	勤擦
	牙齿切割挤压鼻泪管	咀嚼细的犬	选择合适的犬粮,抬高食盘
	先天性泪点封闭	可卡犬、贝灵顿㹴犬、贵宾犬	泪点重建术

目前,市场上出现一些防止泪痕形成的保健品、食品和洗护用品,在选择之前一定要分析泪痕形成的具体原因,不能盲目使用。

二、耳朵护理的重要意义

犬的耳朵需要每个月定期检查一次,健康的犬耳道温暖,可视黏膜应该是粉红色,表面干净,没有或只有少量蜡质分泌物。定期清理耳道,就会避免由于耳毛、耳垢过多引起的各种耳病,如耳螨、真菌及细菌感染引起的耳痒、耳痛、听力不佳等。当发现宠物犬经常挠耳朵、甩头时就应该及时检查耳道,根据不同情况及时处理。如果耳道内耳垢不太多,且无异味,说明是耳垢引起的耳痒,清理一下即可。如果耳朵里有褐色的污垢,且有臭味,一般是由耳螨引起。耳螨需要及时治疗,如果痒得厉害,犬很容易抓破耳廓,严重时会引发中耳炎甚至致命。如果耳垢过多过硬,先用酒精棉球消毒外耳道,再用宠物病耳液滴于耳垢处,待耳垢软化后,用小镊子轻轻取出。对有炎症的耳道,要用宠物专用的消炎滴耳液每天进行滴耳清洁。

三、宠物犬常见的口腔疾病

定期对犬进行口腔及牙齿护理,能保证宠物犬拥有坚固的牙齿及健康的身体。犬牙齿疾病通常表现是最先出现牙斑,唾液中的矿物质会使牙斑转变成牙石。牙石是细菌滋生的温床,细菌滋生导致口腔恶臭。病原菌会侵入犬的血液,造成肝、肺和肾等器官出现病变。

(1)牙石 牙石主要是由食物残渣和细菌混合而成,也是造成口臭及牙周病的元凶。牙石一旦在犬的牙齿上形成便很难除去。所以,主人应当定期给犬清洁牙齿,必要时可以洗牙。

(2)牙龈炎 牙龈炎是牙周病的前身,牙龈与牙齿交界的地方,称为"牙龈沟"。犬采食后,牙龈沟堆积很多食物残渣,引起细菌大量生长。细菌侵入牙龈后,令牙龈发炎,引起疼痛。

(3)牙周病 牙石引起牙周组织脓肿、发炎及流血,严重破坏牙周组织,造成牙齿大幅度的疏松,最终引起牙齿大量脱落,所以牙周病是非常严重的牙齿疾病,一旦患病应立即到宠物医院就诊。

(4)蛀牙 造成蛀牙的原因是食物残渣积留在口内,细菌以食物残渣为养分不断滋生,在繁殖的同时,产生一种酸性物质,当这种酸性物质与牙接触后,便会慢慢溶解牙齿的钙质而形成龋齿,即为蛀牙。蛀牙会令犬只的牙肉疼痛,牙齿坏死,食欲大减。

(5)咬合不齐 咬合不齐的原因主要有两种:①犬只的上下颚在发育时出现问题,导致无法正常开合;②恒齿长出的时候,被未脱落的牙顶着,出现异位生长的情况。咬合不齐的犬只,口腔闭合不全,影响进食。

(6)断牙　由于犬啃咬坚硬的物体甚至咀嚼石头,使牙齿磨损甚至断裂。还有些活泼的犬四处跑跳而把牙齿撞断。另外,老年犬因为牙齿不坚固,也会出现断牙。

(7)舌脓肿　如果舌下唾液腺阻塞,舌下侧就会出现充满液体的大肿块,这就是舌下脓肿。如果主人发现犬有此症状,应立即到宠物医院进行手术,把液体排除。阻塞的原因可能是牙石,甚至一粒草籽所引起。

四、犬、猫趾甲的护理

1.犬、猫趾甲护理的必要性

大型犬和中型犬经常在粗糙的地面上运动,能自动磨平长出的趾甲,如狼犬;而小型犬很少在粗糙的地面上跑动,磨损较少,犬的趾甲会长得很快,如北京犬、西施犬、贵宾犬等。趾甲过长会使犬有不舒适感,趾甲会呈放射状向脚的内部生长,甚至会刺进肉垫里,给犬的行动带来很多不便,同时也容易损坏家里的家具、纺织品等。有时过长的趾甲会劈裂,易造成局部感染。此外,犬的拇趾已退化成脚内侧稍上方处的飞趾,俗称"狼趾"。"狼趾"不和地面接触,这样很容易生长过长,如果不定期修剪会妨碍犬行走,也容易刺伤犬。

猫爪前端带钩,十分锐利。如果猫的趾甲过长,不仅破坏家中的物品,也会抓伤人,而且猫经常舔趾甲,易感染细菌。

修剪趾甲不仅能保持犬、猫足部清洁,而且有利于其正确的行动,以维持骨骼的健康,因此,要定期给犬、猫修剪趾甲。

2.说明

①犬的趾甲非常坚硬,要使用特制的专用趾甲钳进行修剪。如果用家庭常用的人用指甲钳进行修剪,不但剪不断趾甲,而且还会将趾甲剪劈。这样既不美观,又会使宠物犬感觉很不舒服。

②修剪时不能剪得太多太深,一般剪至有神经和血管的知觉部。犬趾甲外缘是完整的圆弧状,内缘是由根部连到末端的一条直线,剪趾甲的下刀之处就是内缘直线与外缘弧线交界处再往外一点点。内缘直线与外缘弧线交界处以上部位是神经、血管所分布的位置,犬每一根脚趾的基部均有血管、神经,注意不要剪至有血管和神经通过的知觉部。趾甲色素浅的能透过趾甲看到血管,趾甲色素浓的看不到血管,必须一点一点地向后剪。

③如果趾甲出血,要及时正血。方法是:将止血粉洒在出血处,用手按 $10\,s$ 左右,使其停止出血。宠物美容时经常要使用止血粉,它是以硫酸亚铁为主要成分,瞬间止血功能很强。

④要培养幼犬适应定期剪趾甲的习惯,这样成年后就不会讨厌剪趾甲了。

⑤如果放任趾甲一直生长,知觉部也将跟着趾甲一起生长,因此,一定要定期剪趾甲。一般情况下,每月修剪 $1\sim2$ 次即可。

⑥对退化了的"狼趾",最好在幼犬出生后 $2\sim3$ 周内请兽医切除。

⑦若使用电动趾甲锉,要先训练犬,使其消除恐惧心理。首先,给犬展示电动锉;然后,启动电动锉,但不接触犬;最后,一次只触及一点趾甲,等犬完全适应,再全部剪除趾甲。

⑧若需抛光或亮甲时,可在每个趾甲和脚垫上涂抹婴儿油,以保持湿润。但不能涂抹太多,否则犬脚底易打滑。

宠物局部清洁护理

【技能训练】

实训目标

1. 能够熟练地为宠物犬或猫修剪趾甲。
2. 能正确为犬清洁耳道、护理眼睛。
3. 掌握牙齿护理的基本方法。

材料准备

(1)动物　长毛犬和短毛犬每组各一只。

(2)工具　美容台、剪刀、2%硼酸、脱脂棉、止血钳、纱布、牙刷、碳酸钙、滴眼液、眼药水、洗耳液、耳粉、耳药乳、趾甲钳、趾甲锉、止血粉。

步骤过程

1.眼睛的护理

(1)眼睛的检查　检查眼睛是否有炎症或眼屎,是否有眼睫毛倒生现象。正常的眼睛应该清澈、明亮,没有眼屎。若有炎症或眼屎,用温开水或2%的硼酸水蘸湿棉花或纱布后轻轻擦拭(图2-2-1、图2-2-3),或滴入消炎眼药水;若眼睫毛倒生,则应将倒生的睫毛用镊子拔除。

(2)滴洗眼液　一只手握住犬或猫的下颌,用食指或拇指打开犬或猫的眼皮,另一只手将眼药水或滴眼液滴在眼睛后上方,每次滴1~2滴(图2-2-2、图2-2-4)。

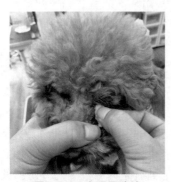

图 2-2-1　犬眼周清洁

图 2-2-2　犬滴眼药水的方法

图 2-2-3　猫眼周擦拭

图 2-2-4　猫滴眼液方法

(3)个别处理　有些品种的犬眼睛周围毛较多,如西施犬、约克夏㹴犬等,眼睫毛要经常梳理,周围的毛要适当剪短。

注意事项

①用棉球擦拭眼睛时要注意由眼内角向外擦拭。不可在眼睛上来回擦拭,棉球可进行更换。

②给犬洗澡前先点眼药水,以防毛发、水进入眼睛。洗澡后再次点眼药水,以防洗澡过程中眼睛进入水或浴液。

③长期使用含有皮质类固醇成分的眼药水或眼药膏会导致眼底萎缩,甚至造成失明。

2.耳朵的护理

(1)观察犬耳道内是否有耳毛　一般常见耳毛较多的犬种有贵宾犬、西施犬、雪纳瑞犬、约克夏㹴犬、比熊犬等。

(2)拔耳毛　保持犬不动,用左手夹住犬的头部,用左手大拇指和食指按压耳朵周围,使耳道充分暴露,将少量耳粉撒入耳中(图2-2-5),按摩几下,然后沿着毛的生长方向拔除。手能触到的毛用右手拔除,深处的毛用止血钳等工具小心拔除(图2-2-6)。

(3)清洁耳道　根据犬耳道的大小,把适量的脱脂棉绕在止血钳上,滴上洗耳液,在耳内打转清洗(图2-2-7),直到从耳内取出的脱脂棉无污物,则可确认清洁完成。

图 2-2-5　施耳粉方法

图 2-2-6　拔耳毛方法

图 2-2-7　清洁耳道的方法

若犬耳道内分泌物较多,并伴有发炎、流血、红肿等现象时,先将犬耳内侧毛全部修剪干净,然后在耳道内滴入几滴消炎滴耳液,盖上耳背,在耳根处轻轻按摩 3～5 min,再用止血钳夹住脱脂棉将分泌物擦洗干净。擦干净后再滴入消炎滴耳液,轻轻按摩,然后用棉球将耳内液体擦干,最后撒上消炎粉即可。

注意事项

①拔耳毛前必须使用耳粉,耳粉具有消炎、麻醉的功效。

②拔耳毛一次不要拔太多,而且动作要轻柔。

③在清理耳道时,将脱脂棉在止血钳上缠紧,不能使用棉签,以免棉签断在耳道内不易取出。

3.牙齿的护理

(1)检查牙齿　检查是否有发炎、牙斑、牙结石等现象。幼犬换牙时应仔细检查乳牙是否掉落,尚未掉落的乳牙会阻碍永久齿的正常生长。

(2)训练犬定期刷牙　先用手指轻轻地在犬牙龈部位来回摩擦,最初只摩擦外侧的部分,等到它习惯这种动作时,再打开它的嘴,摩擦内侧的牙齿和牙龈。当犬习惯了手指的摩擦,即可在手指上缠上纱布,摩擦牙齿和牙龈(图2-2-8)。

(3)用牙刷刷牙　牙刷成45°角,在牙龈和牙齿交汇处用画小圈的方式,一次刷几颗牙,最后以垂直方式刷净牙齿和牙齿间隙里的牙斑(图2-2-9)。接着,继续刷口腔内侧的牙齿和牙龈。

图 2-2-8　纱布清洁牙齿方法

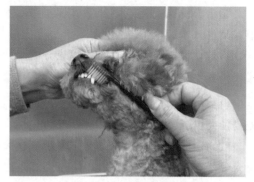

图 2-2-9　牙刷清洁牙齿方法

（4）用超声波洁牙机清洗牙齿　首先将犬全身麻醉，待完全麻醉后，将其平放在美容台上，向眼睛内滴入眼药水。然后，将犬脖颈处垫高，用两根绷带分别绑住犬的上、下颚，并拉动绷带使嘴巴完全张开，牙齿暴露在外。一手拿起洁牙刷柄，将洁牙头对准牙齿，另一手用棉签将口吻部翻开，使牙齿露出进行清理。清理完一侧再清理另一侧，双侧清理结束后，还要检查牙齿内侧是否有结石。如果有，则一同清理干净。最后，在清理过的牙齿和牙龈处涂上少量碘甘油。犬洗牙后应连服 3～4 d 消炎药，并连续吃 3 d 流食。

注意事项

①犬的牙齿每年至少应接受 1 次兽医检查，而且宠物主人应每周检查 1 次，观察是否有发炎的症状。每周应刷牙 3 次以上，方能有效保持犬的口腔和牙齿卫生。

②刷牙要用犬专用牙刷，犬专用牙刷由合成的软毛刷制成，刷面呈波浪形，能有效清洁牙齿的各个部位。

4. 使用趾甲钳和趾甲锉，修剪犬、猫趾甲

（1）保定犬　使犬身体保持稳定，左手轻轻抬起犬的脚掌，右手持趾甲钳（左手持工具，则方向相反），握住脚掌，用拇指和食指将脚掌展开，并捏牢脚趾的根部，这样剪趾甲时的振动就不会太强烈。刀片与犬脚掌面要保持平行。

（2）用三刀法剪趾甲　用趾甲钳从脚趾的前端垂直剪下第一刀，从趾甲背面切口斜 45°剪下第二刀，从趾甲腹面切口斜 45°剪下第三刀。

（3）用趾甲锉将剪过的断端磨光　用食指和拇指抓紧脚趾的根部，以减少振动，让锉刀的侧面沿着抓住脚垫的食指方向运动，把各个棱角磨光滑。

（4）用同样的方法修剪各个趾甲　尤其注意修剪"狼趾"（图 2-2-10）。

图 2-2-10　犬趾甲修剪方法

(5)猫趾甲的修剪与犬相似　首先把猫放到膝盖上,从后面抱住,轻轻挤压趾甲根后面的皮肤,趾甲便会伸出来,用小号趾甲钳把前面尖的部分剪掉1~2 mm(图2-2-11),剪后用趾甲锉磨光滑。

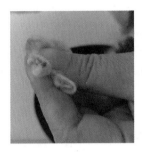

图 2-2-11　猫趾甲修剪方法

注意事项

①最好在洗澡后、趾甲浸软的情况下修剪趾甲,尤其是厚趾甲的大型犬。

②不要剪到有血管和神经分布的知觉部。

③趾甲色素浓的犬类不能看到血管,应该一点一点地向后剪。

④如果将犬趾甲剪出血时,要紧紧捏住趾甲的根部止血,并及时消毒、涂抹止血粉。

【技能评价标准】

优秀等级:能在规定时间内独立并按照操作规范完成宠物犬眼睛护理、趾甲修剪、耳朵清洁、牙齿护理等项目,同时保证宠物福利健康。

良好等级:能在规定时间内按照操作规范完成宠物犬眼睛护理、趾甲修剪、耳朵清洁、牙齿护理等项目,操作过程中允许有30%的工作内容有助手参与,同时保证宠物福利健康。

及格等级:能在规定时间内按照操作规范完成宠物犬眼睛护理、趾甲修剪、耳朵清洁、牙齿护理等项目,操作过程中允许有50%的工作内容有助手参与,同时保证宠物福利健康。

任务 2-3　洗澡

一、给犬、猫洗澡的意义

犬、猫的皮脂腺能分泌油脂,这些油脂有防水、增加被毛亮度和保护皮肤的重要作用。但是油脂在皮肤和被毛上积聚过多,不但会产生难闻的气味,还非常容易沾染污浊物,使被毛缠结,皮肤不干净。这样,不但会导致被毛因失去光泽、缺乏韧性而不美观,而且在炎热潮湿的环境中,很容易引起病原微生物的感染和体外寄生虫的侵袭。所以,定期为犬、猫洗澡,保持皮肤和被毛的清洁卫生,既有利于犬、猫的健康,又能使被毛更加美观。

但是,如果洗澡次数过多,被毛就会缺少油脂的保护,变得脆弱、暗淡、容易脱落。皮肤就会变得敏感,也容易引起疾病。所以,要根据环境和品种对犬、猫进行适宜的清洗。

二、清理肛门腺的重要意义

肛门腺是位于犬的肛门两侧偏下方的皮肤黏膜内的一对外分泌腺体,它的主要作用是分泌一些带刺激性气味的液体作为犬的标志。如果肛门腺分泌的液体黏度大、淤积过多,就不易排出。肛门腺炎绝大多数是由肛门腺阻塞引起的,患病犬表现为:初期瘙痒,在便后及安静时,肛门拖地向前行走或来回摩擦地面,回头舔咬肛门周围或咬后腿上部外侧的皮毛及尾根。如果不及时治疗,病犬会出现后肢行走障碍,行走几步会突然肛门贴地,岔开两后肢,回头观看肛门等症状,进一步发展可导致肛门腺破溃,在肛门一侧或两侧出现腔洞,有脓血流出。

因此,针对肛门腺炎要做好预防、日常保健和及早发现,以防进一步恶化。预防方法十分简单,就是科学地饲喂相对稳定的日粮,以防止犬腹泻及便秘。日粮中应添加适量的粗纤维,减少蛋白质及骨头的含量,减少油脂的含量。

日常保健是指每次在给犬洗澡时,要挤肛门腺,每月至少清理 1 次。小型犬的肛门腺排出管较小,多分泌黏性分泌物,而且不易排出。因此,护理小型犬必须经常挤肛门腺。

三、犬、猫的其他洗澡方法

1．犬的洗澡方法

犬的洗澡方法可分为干洗、水洗两种。一般给犬洗澡采用水洗的方法,只有对 3 个月以下的幼犬,或因特殊情况不能水洗的犬才采用干洗方法。犬的干洗方法见"幼犬的护理"部分的内容。

2．猫的洗澡方法

猫的洗澡方法分为干洗、擦洗和水洗三种,水洗方法最常用。

(1)猫的干洗方法　如果猫特别抗拒用水洗澡,可用猫专用的干洗剂。干洗方法一般只适用于不太脏的短毛猫。将猫全身喷洒上干洗剂后,轻轻按摩揉搓,再用毛刷梳理毛,即可达到清洗的效果。

猫的洗浴清洁技术

犬的洗浴清洁技术

(2)猫的擦洗方法　适用于短毛品种。

①将两手沾湿,从猫的头部逆毛抚摸 2～3 次,然后顺毛按摩头部、背部、胸腹部,擦拭全身,将被毛上附着的污垢和脱落的被毛清除掉。此时也可使用少量免洗香波在猫的被毛上涂抹揉搓。

②用毛巾将猫身上的水分快速擦干,再用吹风机吹干。

③用干净的毛刷轻轻刷理猫的全身被毛,腹部和脚爪也要认真刷理。

(3)培养幼猫的洗澡习惯　越早接触水的幼猫长大以后就越不会排斥洗澡。因此,在猫 2 个月大时就可以开始为它洗澡。洗澡前先放浅浅的、温热舒适的水,让幼猫泡泡脚,适应一下再开始洗澡。洗澡时要与幼猫轻轻地说话来安抚它的情绪。动作以快速、轻柔为准则,让幼猫有愉快洗澡的体验。不要让它对洗澡产生负面印象,例如恶作剧似的向它泼水,使它感觉害怕。同时还要注意,不要让幼猫看到其他讨厌洗澡的猫挣扎的场面。

【技能训练】

训练目标

1．学会犬、猫洗澡的操作流程,掌握犬、猫洗澡技术。

2．掌握犬、猫吹干顺序和技巧,能为犬、猫顺利完成毛发吹干与梳理或拉直。

3．了解肛门腺的位置,掌握正确清理肛门腺的方法。

材料准备

（1）动物 长毛犬、短毛犬和长毛猫、短毛猫每组各一只。

（2）工具 美容梳、针梳、吹风机、吸水毛巾、浴液、护毛用品、热水器、浴缸、美容台、吹水机等。

步骤过程

1. 犬的洗澡

（1）调试水温 夏季水温一般控制在 32～36℃；冬季水温一般控制在 35～42℃。可用手腕内侧试水温。

（2）淋湿（打湿）被毛

①堵住耳朵：用棉花堵住犬的耳朵，将其抱入浴缸；固定犬使其侧立，头朝向护理员的左侧，尾朝向右侧。

②淋湿身体：右手拿淋浴器头，左手固定犬，将犬全身淋湿。淋湿的顺序是：先淋背部、臀部，再淋四肢及胸、腹部，然后是前肢及下颌，最后是头部。

③打湿头部：将淋浴器头放在犬头上方，水流朝下，由额头向颈部方向冲洗；耳朵要下垂式冲洗，先由额头上方向耳尖处冲洗，再翻转耳内侧，用手轻轻将耳内侧的毛发打湿；眼角周围及嘴巴周围的毛发也要用双手将其慢慢地打湿。

④清洁肛门腺：提起犬的尾巴，用拇指放在肛门腺的左下方，食指放在肛门腺的右下方，拇指和食指分别为时钟 8 点和 4 点的位置，向上向外挤压（图 2-3-1），即可挤出分泌物。

（3）涂抹沐浴液

①用手或海绵块涂抹稀释过的沐浴液，要涂遍全身每个部位（图 2-3-2）。

②涂抹的顺序：先从尾部开始，然后是腿和爪子，再按照背部—身体两侧—前腿—前爪—肩部—前胸的顺序涂抹，最后才是头部。在涂抹头部时要将浴液先挤到头顶部和下颌部，再用手涂到眼睛和嘴巴周围（图 2-3-3）。

③浴液涂好后，用双手进行全身的揉搓按摩，使浴液充分地吸收并产生丰富的泡沫。用双手轻轻地抓拍背部、四肢、尾巴及头部的被毛，此时可进行逆毛抓洗；肛门周围进行环绕清洗及按摩；眼睛、嘴巴周围及四肢要认真揉搓。

（4）冲洗 冲洗的操作方法与淋湿被毛的方法相同，但顺序不同，要从头部开始从前向后、从上向下冲洗。用左手或右手从下颌部向上将两耳遮住，用清水轻轻地从犬头顶往下冲洗。然后从前向后将躯体各部分用清水冲洗干净（图 2-3-4），冲洗的次数在 2～4 次为宜。

图 2-3-1 挤肛门腺　　图 2-3-2 涂抹沐浴液　　图 2-3-3 头部涂抹沐浴液　　图 2-3-4 冲洗躯干

（5）擦干

①用吸水毛巾将头及身体包裹住，把水吸干。

②把犬抱出浴缸放到美容台上,用吸水毛巾反复摩擦犬的身体,直到将体表的水分完全擦干。需修剪造型的犬不滴水即可。

(6)吹干　先用吹水机吹掉被毛表面的水,然后一手拿吹风机,另一手拿针梳(或固定吹风筒),由背部开始,边梳理被毛边吹干。吹风的温度要以不烫手为宜,风速可以稍微大一些。

①吹干尾部:由助手拎起尾巴,护理员(美容师)左手拿针梳、右手拿吹风机,沿尾尖向尾根部边梳边吹,此时应逆毛进行,直到把尾部吹干为止。

②吹干四肢及腹部:四肢可以边逆毛梳理边吹风;吹腹部时提起犬的一条腿使吹风机稍微接近身体内侧,或让助手把犬体抱起,使其直立站起,方便吹干,腹部不能用针梳梳理,要用手边抚摸被毛边吹。

③吹干头部及前胸:头部吹干时,可遮住犬的眼睛和耳道,避免风进入引起犬的反感;边吹边用针梳顺着毛流的方向梳理,将被毛拉直梳顺。要小心操作,避免针梳扎到眼睛、鼻镜等敏感部位。

④完全吹干后,再把犬全身被毛用针梳梳理一遍。

2.猫的洗澡

(1)洗澡前准备工作　先把猫的毛发梳顺,把打结的地方梳开,用脱脂棉把猫的两只耳朵塞紧。

(2)调节水温　37～38℃。

(3)淋湿　先从猫的足部开始,让猫适应水的温度。然后从颈背部开始,依次将全身冲湿,最后淋湿头部。

(4)涂抹浴液　按照颈部—身躯—尾巴—头部的顺序,将适量的浴液涂抹在猫的身上(图2-3-5),轻轻揉搓,注意不要忽略屁股和爪子的清洗。

(5)冲洗　按照颈部—胸部—尾部—头部的顺序将猫全身的泡沫冲洗干净(图2-3-6)。

(6)擦干与吹干　先用吸水毛巾将猫包起来擦干,再用吹风机将全身被毛吹干,切记吹风机的温度不可过高。如果猫过于敏感,可放在猫笼(图2-3-7)中吹干。

(7)梳理　吹干后,再次梳理猫的皮毛。

图2-3-5　给猫涂抹沐浴液　　　图2-3-6　猫毛发吹干　　　图2-3-7　猫吹干专用笼

注意事项

①水温适宜,每次打开水时都要试完水温再淋到犬、猫身体上。

②在浴缸底部铺上一层防滑垫,以免犬、猫滑倒。

③只有淋湿时使被毛全部湿透,才能彻底洗干净。

④不要将浴液和水冲进耳朵或眼睛内,以免引起感染。一旦眼睛里不慎沾上浴液,应立即用清水冲洗,或滴入氯霉素眼药水。

⑤给犬、猫洗澡适宜在上午或中午进行,不要在空气湿度大或阴暗的屋子里洗澡,也不要让犬、猫接受阳光暴晒。

⑥用犬、猫专用洗浴产品,不能使用人用浴液代替。

⑦用吹风机吹被毛时,风力及热度不要过高,以免烫伤皮肤。

⑧洗澡的次数不能过勤,犬1~2周洗1次,猫可以间隔更长一些。过于频繁会降低犬、猫的皮肤抵抗力,引发皮肤病。

⑨为猫洗澡时,为防止被猫抓伤,工作人员可佩戴清洁手套。洗澡时关上浴室门,将猫控制在浴缸、大水桶或墙角处洗澡,避免猫在恐惧时逃窜。

⑩如果猫拒绝配合洗澡,可使用猫洗澡专用笼进行保定。尤其是在为猫进行药浴时,使用猫洗澡专用笼会更方便。

⑪为猫洗澡时动作要轻柔、快捷,整个洗澡过程最好不要超过20 min。

【技能评价标准】

优秀等级:能在规定时间内独立完成宠物浴液的稀释,宠物肛门腺的推挤及洗澡的操作过程,能按正确方法为宠物吹干并梳通、梳顺或拉直宠物毛发。

良好等级:能在规定时间内完成宠物浴液的稀释,宠物肛门腺的推挤及洗澡的操作过程,能按正确方法为宠物吹干并梳通、梳顺或拉直宠物毛发。允许有助手30%协作完成。

及格等级:能在规定时间内完成宠物浴液的稀释,宠物肛门腺的推挤及洗澡的操作过程,能按正确方法为宠物吹干并梳通、梳顺或拉直宠物毛发。允许有助手50%协作完成。

任务 2-4   基础修毛护理技术

一、修剪脚底毛

1.修剪脚底毛的必要性

犬类的脚掌上也会长毛,如果一直不修剪,可能会长到盖过脚面。作为室内饲养的小型犬,由于脚掌上毛长,走在地板上容易滑倒,于是犬走路会更加小心,而它敏捷轻快的身影也就见不到了。在这种情况下,犬上下楼梯时受伤的可能性也随之增加。而且脚掌间的毛在散步的时候容易被弄脏或弄湿,成为臭气和皮肤病的来源,并很可能诱发扁虱等寄生虫的生长。因此,定期修剪脚底毛,保持脚掌与地面紧密贴合,是很重要的。

2.说明

除贵宾犬外,趾部外围的毛一般不宜修剪得太多,否则会影响美观。若把脚掌内部的毛全剪干净,会导致小石子等杂物嵌入脚垫中不易出来。所以,应该在每次美容时检查一下脚底毛,只剪去新长出来的部分。

修剪时,往往因为犬不能长时间配合,导致脚底毛的修剪很难顺利进行,所以在操作过程

中要格外仔细、耐心,不断提高修剪技巧。

二、剃腹底毛

1.剃腹底毛的目的

腹部的毛(又称腹底毛)在犬伏卧、排尿或哺乳时很容易弄脏,常常打结,既容易引起皮肤病,又影响美观,所以要清理干净。此外,在犬展中,为了方便审查员检查犬的生殖器,确认犬的性别和判断健康状况(公犬是否单睾丸),也需要剃掉腹底毛。

2.说明

腹底毛的修剪根据犬的性别不同而有所差异。用电剪剃腹底毛时,不要动作太碎、反复剃,这样容易使犬过敏。如果犬过敏,要涂抹皮肤膏。如果让犬躺下来剃,不要把其身体侧面剃得太多。

遇到犬不配合剃腹底毛的情况,应采取正确的方法处理。首先,要建立良好的自信心,对自己的技术有足够的信心。其次,要有熟练地操作技巧和控制犬的技巧。犬害怕剃毛的原因很多,如胆怯、不适应电剪或有外伤等,要分析原因,找到解决的办法。犬是聪明的动物,只要让它知道剃毛不会伤害它,就会比较配合。比如遇到害怕电剪的犬可以让它先看看、闻闻工具,再打开电剪放到犬身边让它熟悉震动,操作过程中的每一步都要用柔和的语气鼓励并安抚它。最后,在练习的初期,可以找助手协助控制犬,要摸索出犬喜欢的姿势,待犬适应后,才可以进行独立的操作。剃毛要尽量快速准确,犬的耐心有限,很容易烦躁,如果不慎使犬受伤,以后它就会不配合。

【技能训练】

训练目标

1.掌握犬脚底毛修剪的方法。

2.掌握犬腹底毛修剪的方法。

材料准备

(1)动物 犬和猫每组各一只

(2)工具 电剪、直剪、美容梳、针梳、开结刀。

步骤过程

1.修剪清洁脚底毛

(1)脚底毛的修剪要求 脚部周围的毛修剪成圆形,四个小脚垫和大脚垫之间的毛剪干净,四个小脚垫之间的毛剪至与脚垫平行即可。脚垫周围的毛同样剪至与脚垫平行。

(2)修脚底毛步骤

①先把足部的毛都梳开、梳顺。

②用直剪修剪正面和侧面的毛,剪刀与犬的脚趾成45°,按照趾甲的弧度从前面平剪一刀,将大致的形状剪出来,然后再往两旁慢慢修圆,将脚掌上方的大致边线修整齐。

③修脚掌后面的毛时,将犬的脚抬起,同样把毛向下梳理开,剪刀贴平脚掌,减去后脚掌多余的毛,脚后面的毛可修剪成往上斜的形状。

④沿着脚掌周围,慢慢将一圈毛都修圆。

⑤脚掌内各个脚垫之间的短毛适合用刀刃较短的小直剪修剪,也可以使用电剪修剪,如果使用电剪,通常用 40 号刀头来修剪,方法是:将脚掌向上翻转,将足垫缝内的毛发全部修剪干净,使犬的脚垫充分暴露出来即可。

2.修剪腹底毛

(1)左手握住犬的两前肢(若是大型犬需助手帮忙),向上抬,使犬站立起来。

(2)将犬腹底毛梳顺、梳开。

(3)腹底毛的修剪根据犬的性别不同而有所差异,但通常用 30 号刀头。

公犬 先将一只后腿抬高到身体高度,操作人员头低下,与犬的腹部平行,然后开始剃犬生殖器两侧的毛;再将犬的两前肢往上提,让犬后肢站立,用电剪从犬的后腿根部向上剃至倒数第 2 和第 3 对乳头之间,形成倒"V"形。

母犬 先将犬的一侧后腿抬起,顺着胯下部位角度推毛;再将犬的两前肢往上提,让犬后肢站立,用电剪从犬的后腿根部向上剃至倒数第 3 对乳头,形成倒"U"形。

注意事项

1.脚底毛修剪的注意事项

①让犬自然站立,仔细观察脚部的毛是否修剪整齐,修剪后的毛与地面应成 45°。这样,既显得可爱又不容易沾上脏东西。

②不要剪得太短,以免妨碍腿部美观。

③修剪脚底毛的同时,还应检查脚垫、脚掌内侧是否有伤。

2.腹底毛修剪的注意事项

①由于腹部皮肤薄嫩,两侧有皮肤褶。因此,要用电剪小心谨慎地向上、向外剃干净,千万不要剃伤皮肤和乳头。

②如果让犬躺下来,注意不要把其身体侧面剃得太多。

③剃毛要尽量快速准确。

【技能评价标准】

优秀等级:能在规定时间内按照操作步骤完成宠物犬、猫脚底毛的修剪,保证不能剃伤脚垫;能熟练使用电剪按操作规程完成犬腹底毛修剪,熟练电剪浮剃技巧,并且避免伤害乳头。

良好等级:能较好完成宠物犬、猫脚底毛的修剪,保证不能剃伤脚垫;能合理运用电剪完成犬腹底毛修剪,并且避免伤害乳头。

及格等级:在有助手帮助的情况下完成宠物犬、猫脚底毛的修剪,保证不能剃伤脚垫;能合理运用电剪完成犬腹底毛修剪,并且避免伤害乳头。

任务 2-5 宠物犬的水疗护理

一、宠物 SPA 的含义

随着生活水平的提高,饲养宠物的人越来越多,有些人甚至将宠物视为自己的儿女,对它们百般呵护。在宠物医院、宠物商店商品琳琅满目的当下,宠物 SPA 也悄然来临。SPA 一词源于拉丁文"Solus Por Aqua"(health by water)的首字母,Solus = 健康,Por = 在,Aqua = 水,意指用水来达到健康。

宠物 SPA 打破了传统宠物淋浴的方法,由宠物 SPA 水疗仪产生天然超声波,每秒钟释放百万以上的强劲气泡,深达宠物毛发根部,产生微爆效应,彻底清洁宠物毛发,起到洁毛消臭功效。在水中加上矿物质、香薰、精油、草本、鲜花,使犬浸泡在温暖的水中,毛发充分补充营养,恢复亮丽光泽与弹性。透过气泡的按摩,促进血液循环,加速代谢排毒,加快脂肪代谢,达到预防疾病、延缓衰老的目的。

二、宠物 SPA 的好处

(1)宁神　利用浮力与适体温度,使犬体验回归母犬怀抱的感觉。

(2)运动　气泡按摩,达到运动及减肥的功效,提升宠物器官功能。

(3)深层清洁　通过微爆效应,去除皮屑、油脂、死毛,使毛发光洁蓬松。

(4)滋养　矿物质元素深层滋养皮肤及毛发,使受损的毛发恢复弹性及光亮。

(5)驱虫　利用死海泥、盐泥中的矿物质和硫化物达到驱虫杀菌的功效。

(6)除臭　SPA 产生高矿物离子,有独特杀菌除臭功效,避免交叉感染。

(7)净化空气　高氧离子具有对空气杀菌消毒的作用。

(8)排毒　精油经过一段时间后,会连同体内毒素一起排出体外。

三、宠物 SPA 项目分类

1. 宠物基础 SPA——香薰浴

(1)特色与功效　首先,香薰精油可促进宠物血液循环,增强新陈代谢,消除宠物的恐惧感,缓解宠物的焦虑,具有良好的身体保健功能。其次,香薰精油对于毛发滋润护理有特效,留香时间长,例如贵宾犬、比熊犬、松鼠犬在做完香薰浴后留香的时间在 7~14 d,体味比较重的犬种留香时间在 3~7 d。

(2)产品介绍　埃及进口的精华水晶香氛油(规格:100 mL),纯天然植物精华,无添加任何香精,复合型,有 6 种味道,分别为泡泡泉(杀菌保健)、快乐泉(治疗忧郁)、浪漫泉(催情)、森林泉(减压)、糖果泉(香甜)、音乐泉(安抚解疲劳)。埃及进口亲水性花精油(规格:10 mL),纯天然植物精华,无添加任何香精,复合型,有 9 种味道,分别为玫瑰、薰衣草、橙花、姜花、牡丹、洋甘菊、桉树、檀香、茉莉。

(3)适应对象　所有犬种。

(4)建议配合使用的产品和用量

死海盐滋润洁毛啫喱或死海泥洁毛啫喱:30~60 mL(1∶20 稀释)

乳香玫瑰焗油或护毛素:20~40 mL(1∶15 稀释)

亲水性精油:3~6 mL

死海盐:15 g(选择性使用)

柔顺香薰水:3 mL 精油 + 1 mmL 亲水性精油稀释 50 mL 喷瓶。

死海盐水:5~10 g 稀释 50 mL 喷瓶。

2.宠物美白SPA——泡泡浴(盐浴)

(1)特色与功效　世界最好的温泉——死海"矿物质"温泉。天然死海海水结晶和丰富的镁、钾、钙、溴化物及硫酸盐类,宠物做SPA盐浴能有效清洁、活化肌肤细胞,促进新陈代谢,延缓衰老,高单位的镁能有效减轻宠物的毛发与肌肤因气候变化而形成的损伤。盐浴既可以杀菌止痒又可以辅助治疗皮肤病。

(2)产品介绍　SPA死海盐(规格250 g、1 kg、10 kg)以色列原装进口,100%水溶性死海高矿物质,有消炎杀菌、高洁白的作用。水疗浸浴,治亚健康用法:木盆或塑料收纳箱注入1/3温水(水温控制在35~42℃),加入死海盐(小型犬30 g,中型犬64 g,大型犬90 g),将宠物放进盆中进行泡浴。对轻度皮肤病和体外寄生虫(虱、蚤、蜱)有非常明显的效果。感冒、厌食用法:稀释80~100倍,清水直接饮用1~2 d。芦荟或死海盐滋润剂洁毛啫喱(规格800 mL/gal)以色列进口原料,植物精华,抗敏感、亮丽毛发、驱寄生虫。

(3)适应对象　短毛犬、白毛犬及处于换毛时期的任何犬种,老年犬应在身体比较健康的状况下进行SPA,也适用于猫。

(4)建议配合使用的产品和用量

死海盐滋润洁毛啫喱:30~60 mL(1:20稀释)。

乳香玫瑰焗油护毛素:20~40 mL(1:15稀释)。

死海盐:30~60 g。

柔顺美白水:3 mL焗油水+5 g死海盐稀释50 mL喷瓶。

死海盐水:5~10 g稀释50 mL喷瓶。

3.宠物医生SPA——死海泥浴

(1)特色与功效　死海泥浴可促进宠物血液循环,增强新陈代谢,调节神经系统的兴奋和抑制过程,可帮助驱虫、防蚤以及身体保健,并具有良好的消炎、消肿、镇静、止痛、提高免疫力及加快自愈等作用,对于毛发护理尤有特效。

(2)产品介绍　以色列原装进口SPA死海泥(规格100 mL/400 g/1.5 kg),主要成分是高岭土和火山灰,有吸附作用,消炎杀菌、止血、止痒、愈合伤口。泥糊的调法是:50 g死海泥加20 g死海盐,用100 mL水稀释,混合均匀。体内驱虫用法:将死海泥(小型犬0.5 g、中型犬1 g、大型犬2 g)涂在舌头上或口角内,3 h一次,连续2次,隔一星期服一次。治肠类用法:将死海泥(小型犬0.5 g、中型犬1 g、大型犬2 g)涂在舌头上或口角内,3 h一次,至下次出现健康粪便,治疗期间无须断水断粮。治皮肤病用法:稀释清水或草本汁至糊状涂于伤口,24 h后更换或补充新泥糊(每天一次至下次沐浴查看情况)至痊愈。水疗用法:将死海泥(小型犬5 g、中型犬10 g、大型犬20 g)溶于水中并加入死海盐浸浴,时间随意。

(3)适应对象　长毛犬、体味较重的犬、多毛类犬的毛发护理,犬外伤及患病后的恢复性理疗。

(4)建议配合使用的产品和用量

死海泥牡丹洁毛啫喱或SPA除臭洁毛啫喱:30~60 mL(1:20稀释)。

死海泥护毛焗油:20~40 mL(1:15稀释)

死海盐:30~60 g。

死海泥水:5 g稀释50 mL。

柔顺美白水:3 mL 焗油 + 5 g 死海盐稀释 50 mL 喷瓶。

死海盐水:5~10 g 稀释 50 mL 喷瓶。

死海泥:20 g。

4. 宠物 SPA 碳酸浴

(1)特色与功能　宠物 SPA 碳酸浴,时下最流行的宠物 SPA 项目,几乎所有宠物店和宠物医院、宠物会所等都上了这个项目。碳酸浴由于在疾病治疗方面有很好的治愈作用,被人们誉为"健康之浴",也因其在健康疗愈方面的神奇疗效而被全球众多医疗健康领域专家所推崇,碳酸浴疗愈的精华之作碳酸浴片已广泛应用于宠物健康领域,宠物碳酸浴已风靡欧美、日、韩等国。

(2)产品介绍　碳酸浴产品遇水后会产生 CO_2 气体的冲击,能有效清除宠物毛鳞片中的细微废物。浴汤中的有效成分能有效闭合毛鳞片,柔顺毛发并增加光泽。二氧化碳溶于水产生的碳酸根离子能够有效沉淀水中的 Ca^{2+}、Mg^{2+},软化水质,避免硬水对宠物毛发造成的伤害。同时还能平衡毛囊分泌的油脂,消除体臭,杀菌消炎,对皮肤病也有显著疗效,孕宠也可使用。

(3)适应对象　长毛犬、多毛类犬的毛发护理及多犬种皮肤病治疗。

(4)产品分类:(在碳酸多种功效的基础上,更偏重于以下实际情况)

薰衣草宠物专用碳酸浴片　有时爱宠的情绪会不稳定或者多动,就可以使用本款。

玫瑰花宠物专用碳酸浴片　希望让爱宠更精神,香味更好,就可以使用该款。

牛初乳宠物专用碳酸浴片　适合掉毛、脱毛、毛色不好的宠物,此款浴片融入水中无色无味,有的顾客不喜欢香味,所以比较适合这样的顾客。

柠檬宠物专用碳酸浴片　主要偏重于消炎、杀菌、止痒、除虫。

薄荷宠物专用碳酸浴片　适合给宠物降温、消暑、清热。

【技能训练】

训练目标

1. 掌握宠物犬的水疗技术操作流程,能顺利完成宠物犬 SPA 工作。

2. 了解宠物犬水疗技术的种类,能根据宠物需求为宠物犬设计 SPA 操作流程。

材料准备

1. 动物　宠物犬一只。

2. 工具　洗澡设备和用品,宠物 SPA 机、牛奶浴产品、香薰精油或其他 SPA 产品。

步骤过程

1. 给宠物犬洗澡(与一般洗澡方法相同)。

2. 在宠物 SPA 机中放入水,并调节水温,以用肘部试水温不烫为准。

3. 加入适量 SPA 产品,搅拌均匀。

4. 将洗完澡的宠物犬放在 SPA 机中,根据具体情况调节机器,进行泡浴,15~30 min。

5. 从 SPA 机中取出犬只,淋浴冲洗并按摩全身。

6. 用大的吸水毛巾包裹犬只进行穴位按摩。

7. 吹干并梳理被毛。

注意事项

1. 在做 SPA 之前,先做一份调查,根据调查报告的分析,了解宠物犬的体质状况、毛质种类、性情心态,然后根据分析结果选择适合犬只的 SPA 方式和产品。

2. 要想得到正规完美的 SPA 疗程,首先要考虑选择一家专业性强的美容机构。

3. 患有心脏病、糖尿病或低血糖的宠物犬不适合做 SPA。

4. 对于幼犬、老年犬、体质较弱的犬,根据具体情况调节设定适度的气流。

5. 做完 SPA 后的宠物犬应多饮水,避免剧烈运动。

6. 根据具体情况确定做 SPA 的间隔时间,过于频繁反而影响皮肤的自我保护功能。

【技能评价标准】

优秀等级:能根据宠物犬身体特点需求制定合理的 SPA 水疗方案;能为宠物犬顺利完成 SPA 水疗操作。

良好等级:能根据宠物犬身体特点需求制定 SPA 水疗方案;能为宠物犬较好完成 SPA 水疗操作。

及格等级:能按照顾客需求完成宠物犬 SPA 水疗操作流程。

【项目总结】

任务点	知识点及必备技能
被毛的刷理与梳理	被毛刷理和梳理顺序和方法
宠物局部护理技术	趾甲修剪方法;耳毛拔除方法;耳道清洁方法;眼周清洁及滴眼水方法;牙齿清洁技巧
洗澡	肛门腺位置及推挤方法;洗澡流程;吹水及吹干技巧
宠物基础修毛技术	脚底毛修剪方法;腹底毛修剪方法
宠物水疗技术	水疗方法;水疗分类

【职业能力测试】

一、单选题

1. 下腹部被毛的剃除在公犬应呈(　　　)。

　A. 倒"V"形　　　　　B. 倒"U"形　　　　　C. "W"形　　　　　D. "M"形

2. 宠物的淋浴工作优先级一般是(　　　)。

　A. 由头至尾　　　　　B. 由足至背　　　　　C. 由尾至头　　　　　D. 由背至头

3. 将洗毛精适量稀释后,应以(　　　)将洗毛精均匀涂抹犬只全身。

　A. 毛刷　　　　　B. 小水桶　　　　　C. 手钢刷　　　　　D. 海绵

4. 润丝精除能使皮毛柔顺、有光泽外,还能(　　　)。

　A. 增加香味　　　　　B. 除蚤　　　　　C. 杀菌　　　　　D. 中和酸碱值

5. 为使宠物皮毛美丽,需要常(　　　)。

　A. 梳刷　　　　　B. 淋浴　　　　　C. 药浴　　　　　D. 蒸气浴

6. （　　）可使毛发整齐并促进血液循环。

　　A.剪毛　　　　　　　B.刷毛　　　　　　　C.剃毛　　　　　　　D.修毛

7. 过度沐浴对宠物有害,除容易引起皮肤不适外还可能造成（　　　）。

　　A.鼻病　　　　　　　B.眼球受伤　　　　　　C.肛门发炎　　　　　D.毛质恶化

8. 犬猫洗澡水的温度以（　　　）为宜。

　　A.25℃　　　　　　　B.35℃　　　　　　　　C.45℃　　　　　　　D.50℃

9. 如患病犬猫严重污秽,必须清理时以使用（　　）最为适宜。

　　A.去渍油　　　　　　B.干洗剂　　　　　　　C.沐浴　　　　　　　D.除虫粉剂

10. 送洗的犬只皮毛沾满机油等污物时,沐浴前应先使用（　　　）处理油渍,而后再清洗,以避免造成伤害。

　　A.植物油　　　　　　B.汽油　　　　　　　　C.松节油　　　　　　D.煤油

11. 沐浴完成,吹干宠物被毛后,接下来应（　　　）。

　　A.电剪剃除杂毛　　　　　　　　　B.用排梳梳理被毛

　　C.以剪刀修剪造型　　　　　　　　D.清理肛门腺

12. 宠物美容时,发现耳朵有严重皮肤瘙痒,下列处置不适合的一项是（　　　）。

　　A.告知主人　　　　　　　　　　　B.帮它用药处理

　　C.环境消毒避免感染　　　　　　　D.用具消毒

13. 如犬只洗澡时狂叫不止,下面不当的做法是（　　　）。

　　A.尽速完成,请主人带回　　　　　B.不要使用烘箱吹干

　　C.棍棒威吓　　　　　　　　　　　D.放置于有人的地方

14. 给太胖或太老的犬只美容时,以下错误的做法是（　　　）。

　　A.水温不能太高　　　　　　　　　B.快速吹干,温度不重要

　　C.对犬只要温柔　　　　　　　　　D.毛发干燥时不要放置于烘箱

15. 当宠物全身毛发缠结如片状时,建议的美容方式是（　　　）。

　　A.全身剃除　　　　B.拆结　　　　　　　C.洗澡　　　　　　D.做造型

16. 剪趾爪时,被施作的宠物如不愿站立,可用（　　　）方式保定。

　　A.固定右前肢　　　　　　　　　　B.固定左前肢

　　C.用手和身体抱住　　　　　　　　D.固定后肢

17. 洗澡前梳理被毛如发现有缠结时,应（　　　）。

　　A.先梳后洗　　　　　　　　　　　B.直接下水

　　C.喷上解结液后即下水　　　　　　D.涂抹润丝精后即下水

18. 下列（　　　）不是清洁耳道需要使用的工具和用品。

　　A.止血钳　　　　　B.耳粉　　　　　　　C.清耳液　　　　　D.拔毛刀

19. 犬只毛发缠结严重,需用剪刀处理时,应以（　　　）向解开,以免损耗大量毛发。

　　A.逆毛向　　　　　B.横向　　　　　　　C.纵向　　　　　　D.顺毛

20. 犬只躯体较不容易形成毛球的部位是（　　　）。

　　A.腹部下侧　　　　B.四肢内侧　　　　　C.耳朵后侧　　　　D.背部

21. 护眼液的功能是（　　　）。

　　A.预防灰尘　　　　B.预防细菌　　　　　C.预防病毒　　　　D.洗澡前的护眼

22. 下列( )不是入浴之前的操作。

    A. 剪趾爪   B. 清耳朵   C. 梳毛   D. 挤肛门腺

23. 拔耳毛时不会用到( )。

    A. 手指   B. 剪刀   C. 止血钳   D. 耳粉

24. 犬只在洗澡打湿前,以下( )较不重要。

    A. 上保定绳   B. 测水温   C. 淋上洗发精   D. 测水压

25. 在为宠物沐浴过程中,临时有事暂时离开水槽,以下不合适的做法是( )。

    A. 请同事代为看管   B. 用毛巾包狗一起移动

    C. 上保定绳   D. 将宠物单独留置于水槽内

二、多选题

1. 拔耳毛前必须使用耳粉,耳粉主要具有( )的功效。

    A. 润滑   B. 消炎   C. 麻醉   D. 除毛

2. 宠物犬定期修剪脚底毛对于犬的日常生活十分重要,若长期不对家养犬进行脚底毛的修剪,容易引起( )。

    A. 脚底毛过多会使脚掌与地板的摩擦力降低,导致犬跑动时易摔倒

    B. 脚底毛过多过长会滋生细菌,引起脚部疾病

    C. 脚缝内寄生虫滋生

    D. 散步时灰尘与污秽容易进入脚缝

3. 给宠物洗澡的作用是( )。

    A. 有利健康   B. 去除污垢   C. 预防疾病   D. 保持美观

4. 犬的日常护理项目包括( )的护理。

    A. 眼睛   B. 耳朵   C. 牙齿   D. 被毛

5. 下列属于宠物 SPA 作用的有( )。

    A. 宁神   B. 驱虫   C. 深层清洁   D. 排毒

三、判断题

( )1. 美容的犬只可以不梳理毛发就洗澡。

( )2. 给宠物洗澡时,可以使用人用沐浴露进行清洁。

( )3. 为宠物梳刷被毛时可使用人用的梳子和刷子。

( )4. 修剪指甲时,若不慎将犬趾甲剪出血,要紧紧捏住趾甲的根部止血,并及时消毒、抹止血粉。

( )5. 如果遇到梳不开的毛结,可以使用剪刀对着皮肤将毛结剪除,要小心不要伤及犬的皮肤。

项目三

常见犬只的美容方法

【项目描述】

本项目根据宠物健康护理员、宠物美容师等岗位需求进行编写,本项目为宠物美容师必须掌握的核心知识,内容包括贵宾犬的犬种标准和美容造型修剪技术、比熊犬的犬种标准和美容造型修剪技术、博美犬的犬种标准和美容造型修剪技术、北京犬的犬种标准和美容造型修剪技术、雪纳瑞㹴犬的犬种标准和美容造型修剪技术、可卡犬的犬种标准和美容造型修剪技术、贝灵顿㹴犬的犬种标准和美容造型修剪技术。通过本项目的训练,让学生具有判断犬种标准的能力,同时能够掌握各种犬种的美容标准从而进行修剪造型,在工作实践中尽量掩饰宠物的缺陷以达到美化宠物的目标。

【学习目标】

1.熟悉贵宾犬的犬种标准和美容标准。

2.学会贵宾犬运动型(拉姆装)造型修剪技术。

3.学会贵宾犬泰迪装修剪技术。

4.了解贵宾犬其他造型及萌宠泰迪装的九种头型。

5.熟悉比熊犬的犬种标准,学会比熊犬的修剪造型技术。

6.熟悉博美犬的犬种标准,学会博美犬的修剪造型技术。

7.熟悉北京犬的犬种标准,学会北京犬的修剪造型技术。

8.熟悉雪纳瑞㹴犬的犬种标准,学会雪纳瑞犬的修剪造型技术。

9.熟悉可卡犬的犬种标准,学会可卡犬的修剪造型技术。

10.熟悉贝灵顿㹴犬的犬种标准,学会贝灵顿犬的修剪造型技术。

任务 3-1 贵宾犬的修剪造型

【情景导入】

按照顾客要求设计宠物犬修剪造型

一天,一位顾客带着自己的爱犬来到店里,让美容师给爱犬设计一款可爱的造型。于是,美容师以造型图片的形式逐一向这位顾客介绍了几款造型,依据这个宠物犬自身特点设计了顾客喜欢的造型。

提问:

1.贵宾犬有哪些造型?

2.贵宾犬泰迪装头部造型有哪些?

一、贵宾犬品种介绍

贵宾犬品种介绍

贵宾犬又称贵妇犬、蒲尔犬、蒲多犬。法语名称 "Caniche",意为"水鸭子";德语名为"Pudel",意为"狗刨式游泳";英语名称"Poodle",意为"溅水"。这些名称都来源于贵宾犬最早的用途。因为很早以前,人们常用贵宾犬在沼泽地带猎获小动物。该犬常被修剪成各种造型。贵宾犬造型在法国备受宠爱,被尊为"国犬"。

1.起源

贵宾犬的起源尚有争议,有人认为,白毛品种起源于法国,棕毛品种起源于德国,黑毛品种起源于苏联,茶褐色品种起源于意大利。目前较为一致的看法是,贵宾犬的祖先是法国的水猎犬。

2.外貌特征

(1)体型　标准型贵宾犬体高超过38.1 cm,体重超过12 kg;迷你型贵宾犬25.4～38.1 cm,体重7～12 kg;玩赏型贵宾犬体高在25.4 cm 以下,体重3.2～7 kg,从胸骨前缘到坐骨端的长度约等于从肩部最高点到地面的高度。身体呈方形,前后肢的骨骼、肌肉与身体比例协调。

(2)头部　眼睛颜色很深,卵圆形,两眼距离宽,眼神机警,眼睛下方有轻微凹痕;耳朵下垂,贴近头部,耳根位置在眼睛的稍下方,但耳廓不能过长;颅骨顶部稍圆,眉头浅,但很清晰;面颊平坦,从枕部到眉头的距离约等于吻部的长度;吻部长、直且牙齿雪白,结实,剪状咬合。

(3)颈部、背线、躯干　颈部长且强壮,能使头部高高抬起;喉部皮肤紧,肩部强壮,肌肉丰满。背线起始于肩胛最高点,终止于尾根部,呈水平状,既不倾斜又不拱起,肩部后可轻微凹陷,胸部深面扩张,肋部伸展。腰短而宽,肌肉丰富。前躯强壮,肩胛骨向后伸展,长度约等于腕的长度。从前面看,两前肢直,相互平行;从侧面看,肘部正好位于肩部最高点的下方。脚小,卵圆形,脚既不内翻也不外展,脚尖拱起,脚垫厚而坚韧,前脚跟强健。爪短,但也不能修剪得过短,"狼趾"可以切除。后躯的角度与前躯协调。从后面看,两后肢直,相互平行;膝关节屈曲,肌肉丰厚;大腿和小腿的长度几乎相等;后脚跟短,与地面垂直。站立时,后脚尖在臀部后端的稍后方。

(4)尾部　尾直,尾根位置高,向上竖起,呈剑状,通常断尾1/2或1/3。

(5)步态　步伐轻快,沿直线行走。前躯有力,头和尾高高竖起,行走时保持轻松优美的体态。

(6)被毛　卷曲型:被毛粗硬,浓密;绳索型:被毛下垂,身体各部位被毛长度不等,颈部、躯干、头部和耳部的被毛长。被毛颜色为纯色,有灰色、银白色、褐色、咖啡色、杏色和奶油色,在同一种颜色中也会出现深浅不同的毛色。

3.缺陷

眼睛呈圆形,大且突出,颜色浅;下颌不明显;下颚或上颚突出,嘴歪斜。尾根位置低,尾卷曲或翘起于背部上方;"八"字形的脚;鼻、嘴唇和眼眶的颜色不完整,或与身体的颜色不协调。

4.特性

贵宾犬聪明活泼,高贵典雅,举止稳健骄傲,有独特的高贵气质。被毛通常修剪成传统的形状,使得贵宾犬与众不同。

二、贵宾犬美容修剪方法

1.常见的修剪类型

贵宾犬在十二月龄以下,可修剪成芭比型(幼犬型 Puppy)。在正规比赛中,十二月龄或超过者,可剪成英国鞍座型(English Saddle),或是欧陆型(Continental)。在种公、种母比赛,以及非竞赛性质的冠军犬展示时,贵宾犬可被剪成运动型(Sporting)。贵宾犬如剪成其他形状则属失格。

(1)芭比型 不到一岁的贵宾犬可以按"幼犬型"修剪。脸、喉咙及脚和尾巴的毛需要剃掉。可以看见足爪上的毛被完全剃除。尾巴的末端有毛球。其他部分的被毛略做修剪,保留整洁的外观和流畅的轮廓线条即可。

(2)英国鞍座型 脸上、喉咙、脚、前腿和尾巴根处的毛发需要剃除,只在前脚腕部分留有手镯和尾巴根处留有毛球。后躯留着由短毛构成的"毛毯",勾勒出曲线,其他毛发需要剃除,两条后腿的部分毛发剃除,在飞节和后膝关节处留有"绒球"。可以看见绒球以上部分和足爪的毛被全部剃除。身体其他部分的被毛都保留着,但必须照顾到整体外观的平衡。

(3)欧陆型 脸上、喉咙、脚、前腿和尾巴根处的毛发需要剃除,后躯大部分被毛需要剃除,只在臀部留有毛球(可选)。前腿需要留有手镯、后腿需要留有绒球,腿上和足爪其余的毛发全部剃除,可以看见绒球以上部分和足爪的毛被全部剃除。尾巴尖留有毛球。身体其他部分的被毛都保留着,但必须照顾到整体外观的平衡。

(4)运动型 脸上、足爪、喉咙、尾巴根处的毛发需要剃除,在头顶剪出一个帽子、在尾巴尖留一个毛球。身体其他部分则根据犬的身体轮廓修剪,留大约2.5 cm的毛发即可。也许腿上的毛发比身上的略长。

所有修剪法中,只有头饰是可以自由发挥或说是有弹性的地方。毛发仅需要保留足够的长度以便修整出轮廓。头饰是指从止部到后脑这段位置,这是唯一保有弹性的位置。

2.运动型(拉姆装)修剪标准(图 3-1-1)

(1)身高 = 体长。

(2)前躯:中躯:后躯 ≈ 1:1:1。

(3)头冠:肩到肘:肘到地 ≈ 1:1:1。

(4)坐骨端到膝窝 ≈ 膝窝到飞节上 2~3 cm ≈ 飞节上 2~3 cm 到脚圈。

(5)颈线延长线与后肢前侧重合。

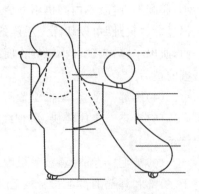

图 3-1-1 贵宾犬运动型修剪标准图

(6)尾球高度不高于耳位。

【技能训练】

训练目标

1.通过本次训练学生能根据贵宾犬修剪标准绘制贵
宾犬运动型(拉姆装)四望图。

贵宾犬造型绘图

2.学会贵宾犬运动型(拉姆装)造型修剪。

3.了解贵宾犬其他造型特点。

材料准备

1.动物　贵宾犬2只。

2.工具　电剪、10号刀头、40号刀头、牙剪、美容梳、4号刀头、弯剪。

步骤过程

1.清洁美容

给贵宾犬做清洁美容,除了足部外,其他部位与关键技术二的方法相同。重点做以下两步:

①洗澡后边吹边梳理被毛,将被毛拉直。

②用10号刀头电剪将腹毛剃干净,公犬剃成倒"V"形,母犬剃成倒"U"形。

2.贵宾犬运动型的修剪步骤

(1)电剪操作

①修剪脚部(15号刀头)

足面　将电剪刀头指向腿的方向,从趾甲开始向上剪去脚背及两侧的毛,逆毛方向剃至腕
关节或跗关节,但不能露出腕关节或跗关节(图3-1-2)。

趾间　用食指托起脚趾之间的脚蹼,剃除脚趾之间的被毛,注意不要划伤皮肤。

足底　把脚掌翻转过来,剪去脚底部脚垫之间和脚垫周围的毛(图3-1-3)。修剪完后,指
甲和脚掌上都没有任何碎毛,脚垫和脚趾暴露出来。

足部修剪电剪修剪界线和运剪方法示意如图3-1-4(正面)、图3-1-5(侧面)。

②修剪面部(15号刀头)

侧脸　首先在外眼角至耳孔之间修一条直线,剪去耳朵前部所有的毛发,继续剪去脸颊及
两侧的毛发(图3-1-6)。

两眼之间呈倒"V"形　在两眼之间将电剪刀头向着内眼角的方向剪一个倒"V"形(图3-
1-7),倒"V"形的最高点为两眼睁开时最高点连线中点。

图3-1-2　足面修剪

图3-1-3　足底修剪

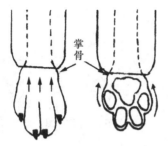

图 3-1-4　足部修剪示意图(正面)

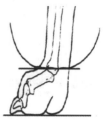

图 3-1-5　足部修剪示意图(侧面)

图 3-1-6　修剪脸侧面图

图 3-1-7　两眼间倒"V"形

　　鼻梁和嘴巴　鼻梁上的毛反复剃,嘴角的胡须剃干净,操作时一只手拉平嘴角褶皱,另一只手持电剪轻柔剃除(图 3-1-8)。

　　胸前"V"字造型　抬起犬的头,从两侧耳朵的外耳根至喉结向下附近位置修剪成"V"形的项链状(图 3-1-9)。

图 3-1-8　修剪鼻梁和嘴巴图

图 3-1-9　修剪胸前"V"形

头部电剪修剪界线和运剪方法示意如图 3-1-10 侧面、图 3-1-11 正面和图 3-1-12 下颌所示。

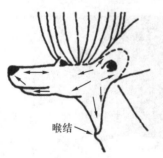

图 3-1-10　侧面

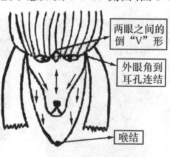

图 3-1-11　正面

图 3-1-12　下颌

③尾巴修剪(15号刀头)

尾根　一只手提起犬的尾巴,另一只手将电剪倾斜逆毛修剪尾根,将尾部约1/3的毛发修剪干净(图3-1-13),可以根据尾巴的长短,调整修剪的长度以调整尾巴毛球的位置;然后沿尾根与身体的接合点斜向前剃出一个倒"V"形(图3-1-14)。

肛门　提起尾巴,把肛门周围的毛剃净,剃成"V"形。

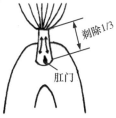

图3-1-13　剔除尾根1/3及修剪示意图　　图3-1-14　尾根倒"V"形剃法及示意图

(2)修剪操作

①修剪足圆:用直排梳子将脚腕和脚踝处的毛垂直向下梳,沿脚腕(踝)修剪成一个圆形的袖口(图3-1-15和图3-1-16)。

②修剪背部:将直剪与背部平行,从尾根前1 cm至肩胛骨向后的位置修剪一段背线。从背部延伸到肩部,毛发逐渐增长。如果背部不规则,可以通过修剪来弥补(图3-1-17和图3-1-18)。

图3-1-15　修剪脚腕　　　　图3-1-16　修剪脚踝　　　　图3-1-17　修剪背部

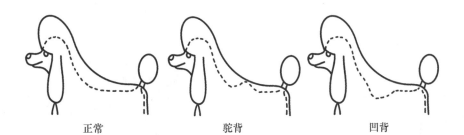

正常　　　　　　　　驼背　　　　　　　　凹背

图3-1-18　修剪背部示意图

③修剪股线:以尾根为中心,剪刀与背线(桌面)呈30°倾斜修剪(图3-1-19),使接近尾根的臀部被毛形成一个斜面,根据留毛的长度确定斜面大小,剪刀走向见图3-1-20。

图 3-1-19　修剪股线

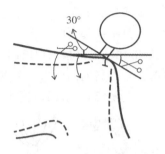

图 3-1-20　股线角度示意图

④ 修剪后肢:沿着背线和股线向下修剪后肢的被毛。

将两腿之间的杂毛修剪整齐呈大写的"A"字形(图 3-1-21),修剪示意图见图 3-1-22;将臀的两侧及后腿的两侧修剪呈梯形(图 3-1-23),并且与后腿内侧的线平行,如果后肢生长异常则需要进行修正,图 3-1-24 为后肢正常造型和"X"形腿与"O"形腿的矫正方法示意图。

臀的后侧修剪呈与桌面垂直的面(图 3-1-25),后腿后侧应修剪成平滑的曲线,保持适当的弯曲度,在飞节处修出 45°转折(图 3-1-26)。后腿的前侧叫膝盖线,要修成与后腿后侧平行的曲线,并且需要从膝盖处延长至脚尖,而不要收到踝关节处(图 3-1-27),这条膝盖线需要在修剪完全身被毛之后,修剪头花之前再进行修剪,以便达到整体平衡的状态。整个后躯修剪示意图见图 3-1-28。

图 3-1-21　修剪两腿之间

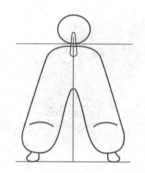

图 3-1-22　"A"字形示意图

图 3-1-23　修剪臀两侧

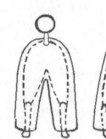

图 3-1-24　后肢矫正示意图

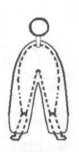

图 3-1-25　修剪臀后侧

图 3-1-26 修剪后腿后侧　　　　图 3-1-27 修剪膝盖线　　　　图 3-1-28 后躯修剪示意图

⑤前胸:首先将电剪修剪过胸前"V"字形边缘修剪整齐(图 3-1-29);然后修剪前胸,以胸骨最高点为中心呈放射状修剪,表现出肩胛骨与上臂骨呈现理想的 90°,让前胸显得浑圆而突出,显示出贵宾犬挺胸抬头的高贵气质。前胸毛不可留太多,以免使身体过长。颈部的毛与前胸的毛自然衔接(图 3-1-30)

图 3-1-29 修剪胸前"V"字形　　　　　　图 3-1-30 修剪前胸毛

⑥修剪腹线:沿着背线向下向前,呈放射状修剪腹部,腹线修成后高前低的 15°斜线到达至最后一根肋骨处(图 3-1-31),腹部留毛长度依照鬐甲到桌面 1/2 的高度,即肘关节的位置,修剪示意图见图 3-1-32。

⑦修剪前肢:由背线剪至肩部,再过渡到前肢,将前肢修剪成圆柱形,注意前肢内侧的毛发修剪干净,与下腹部的毛自然衔接(图 3-1-33)。

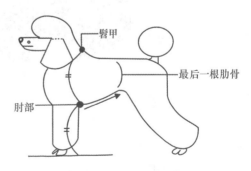

图 3-1-31 修剪腹线　　　　　　图 3-1-32 修剪腹线示意图

图 3-1-33　修剪腿部

如果两前肢间距不正常，可以通过修剪来弥补。正常前肢造型、前肢短且间距大的修正以及前肢长且间距小的修正方法见图 3-1-34。前肢后侧修剪时要考虑前后腿之间的距离，如果距离过大可以将后侧留毛长一些，造成前肢后移的假象，具体见图 3-1-35。

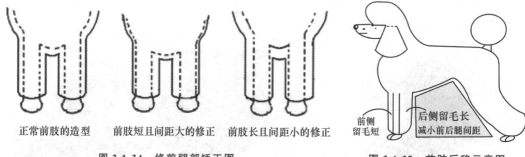

图 3-1-34　修剪腿部矫正图　　　　　　　图 3-1-35　前肢后移示意图

⑧躯干两侧修剪：修剪身体两侧，使其从正面看上去圆润，卷腹的位置以修剪在最后一个肋骨略靠后处为基准，将刀刃朝上以小角度向外修剪（图 3-1-36），使身体在卷腹上凸显出紧凑感。

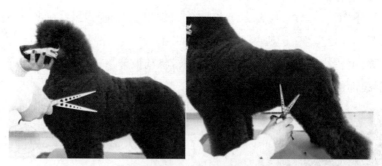

图 3-1-36　修剪躯干两侧

⑨头饰修剪：头饰作圆形修剪，要丰满有立体感，并与身体自然衔接。用直剪倾斜修剪两眼上方，剪成远离头一侧毛长、贴近头一侧毛短的斜面。用美容师梳将头部饰毛全部挑起，正面采用五刀剪法，剪完后再作圆形修整。侧面用直剪，在耳朵与头饰交界处剪出一条分界线，再采用三刀剪法（图 3-1-37），剪完作圆形修整即可，具体修剪角度见图 3-1-38。

图 3-1-37 修剪头花

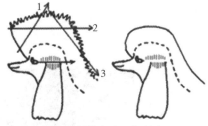

头饰侧面修剪方法及完成图　　　　　头饰正面修剪方法及完成图

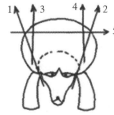

图 3-1-38 修剪角度示意图

⑩颈线衔接的修剪:衔接头部与背线及身体两侧的为颈线,修长纤细的颈部会让头部冠毛显得华贵(图 3-1-39)。

⑪尾巴的修剪 将尾巴的饰毛旋转拧成绳状,根据尾巴的长度和毛量确定尾巴的大小,用直剪将末端剪掉,再作圆形修剪,将毛球修圆,也可用弯剪修剪(图 3-1-40)。

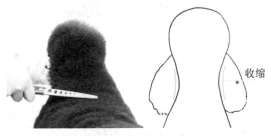

收缩

图 3-1-40 修剪尾部

图 3-1-39 修剪颈线

(3)整体造型　贵宾犬整体修剪造型要对称、平衡,体现出身体各部分的比例关系,整体修剪的运势方法如图 3-1-41 所示,整体造型图如图 3-1-42 所示。

图 3-1-41 整体造型

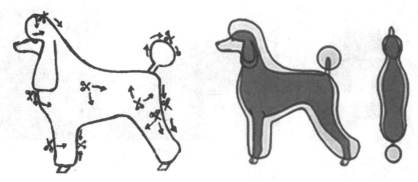

图 3-1-42　整体造型示意图

3.贵宾犬泰迪木偶装修剪

（1）电剪修剪　选择 4 号刀头剃除犬躯干上的毛，留毛长度 1 cm 左右。毛发生长方向和毛发硬软程度决定留毛的长短。顺毛生长、毛软的泰迪在剃的时候留毛就略长；垂直生长、毛硬的毛发则略短。

①背部：从后背即肩胛骨开始剃一直剃向尾根处（图 3-1-43）。剃时需要把皮肤拉平后再剃，并且顺毛走向剃除。

②躯干两侧：两侧身体的毛发，首先从右侧身体开始，由上向下把前后腿之间的右侧身体的毛发顺毛贴皮剃掉（图 3-1-44），剃的过程中同样是把皮拉平后再剃。左侧身体剃的方法同理。

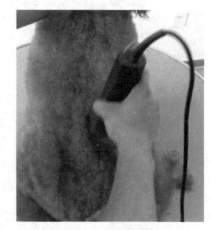

图 3-1-43　修剪背部

③颈部：先从右侧颈部开始，剃的时候从右侧耳朵下方一直剃向肘关节上两指处，左侧颈部剃对称即可。

④前胸至腹部：从口吻根部一直剃至肘关节水平线上两指处，顺势再把胸底的毛发剃掉（图 3-1-45）。方法是把犬前腿抬起，由上至下剃，一直剃到肚脐处。

  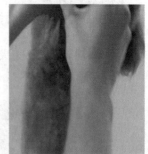

图 3-1-44　修剪躯干两侧　　　　　　　　　　　　　　　图 3-1-45　修剪前胸

（2）手剪部分

①修剪后肢：后肢外侧修剪的时候由上至下顺毛修剪成倾斜于桌面 80°左右的斜线；修剪后肢内侧的毛发，保持修剪的线条和外侧相互平行；修剪后肢前侧的时候从前侧大腿根部一直

修剪到趾甲前 1 cm 处，修剪成倾斜的直线；修剪后腿后侧的标准是从侧面看修剪成 S 线（图 3-1-46），然后把面和面之间的棱角顺毛流做包圆修剪。

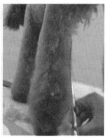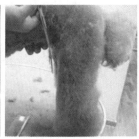

图 3-1-46　修剪后肢（侧、内、前、后四面）

②前肢修剪：剪刀顺毛修剪，把前、后、内、外面修剪成倾斜 80°左右的斜线，最后同样是把面和面之间的棱角修剪掉，需要注意的是边剪边从侧面观察前后腿的粗细程度，使其前后腿保持粗细对称（图 3-1-47）。

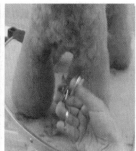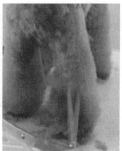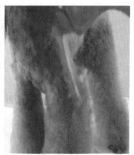

图 3-1-47　修剪前肢（后、内、前、外四面）

③尾巴修剪：使用弯剪将尾巴修剪成圆球形，修剪圆球的大小要根据犬体型大小来确定。

④头部修剪

嘴部　首先从嘴巴开始修剪，从正视看修剪成椭圆。

头部　以眼睛为分界线，把分界线上方的毛发修剪成 3/4 圆。头顶修剪完后最后修剪颈部的毛发，颈部的毛发修剪的和背部的毛发自然连接就行（图 3-1-48、图 3-1-49、图 3-1-50），不要修剪得太短。头部修剪效果见图 3-1-51。

图 3-1-48　　　　　　　　图 3-1-49　　　　　　　　图 3-1-50

头部修剪

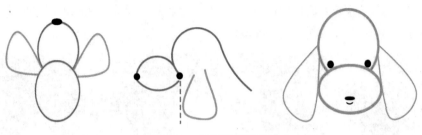

图 3-1-51　头部修剪示意图

贵宾犬泰迪木偶装侧视效果见图 3-1-52。

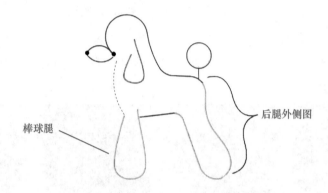

棒球腿

后腿外侧图

图 3-1-52　泰迪木偶装侧视图

4.贵宾犬泰迪圆头装修剪

嘴短并且毛量丰厚的玩具型贵宾犬和迷你型贵宾犬适合修剪圆头装。

（1）修剪身躯

①将贵宾犬的脚底毛剃干净,脚上部的毛留下。

②肛门周围的毛剃净,尾根以上 2 cm 剃净。

③提起犬脚将脚边修理整齐,放下后再做修整。

④观察毛量按比例水平修剪背线第一个面。

⑤修剪髋骨到坐骨的第二个面,该面与水平面夹角呈 30°。

⑥修剪后肢从坐骨到地面的 1/3 处的第三个平面。该面与地面垂直,倾斜度与踝关节的立体感相搭配,保持相同的曲线过渡到足尖。

⑦后肢前侧剪成一条直线,与腿弯顺畅的连接。对比后肢调整前肢,使内外两侧,前后肢都呈圆筒状,后部的线与前部的线平行。

⑧上腹要剪成圆弧状,同时参照整体的平衡。

⑨前胸与颈部、肩胛顺畅连接。

⑩颈部与躯干部自然连接。

（2）修剪头部

①头嘴分界线:修剪鼻梁上部的毛,露出眼睛(图 3-1-53)。

②额头斜面:修剪由鼻梁骨至眼睛下方的毛时,不要留太多,将额头修剪成与水平面夹角

呈45°的斜面(图3-1-54)。

　　③头顶剪平。下颌剪平呈"一"字形(图3-1-55)。将头部剪成正方形,以确定长度及宽度。修去棱角,使头部呈正圆形(图3-1-56)。

　　④修剪嘴边,调节面部表情(图3-1-57)。

　　⑤头部与颈部自然连接。

　　⑥将尾巴剪成球形。

图3-1-53　头嘴分界线

图3-1-54　额头斜面

图3-1-55　修剪下颌

图3-1-56　修剪头部

图3-1-57　修剪嘴边

【知识拓展】

一、贵宾犬的主要赛级造型介绍

　　贵宾犬的主要赛级造型见图3-1-58;贵宾犬常见的宠物造型见图3-1-59。

(1) 欧洲大陆装

(2) 英国马鞍装

(3) 幼犬造型 I

(4) 幼犬造型 II

图3-1-58　主要赛级造型

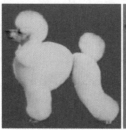
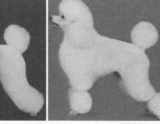

(1) 潘杰拉荷兰式　　(2) 迈阿密式　　(3) 波莱罗曼哈顿式　　(4) 拉姆（运动）式

图 3-1-59　常见的宠物造型

二、贵宾犬两种常见赛级造型的修剪方法

1. 欧洲大陆装

欧洲大陆装造型需要用电剪修剪面部、喉部、脚部和尾巴底部，犬的后半身在臀部和脚掌上方修剪成绒球状，其余剪净。修剪后，臀部左右有两个毛球，四肢脚掌上方各留一个毛球，颈部和胸腹部被毛连接在一起形成一个大毛球。

修建过程如下：

（1）用 40 号刀头电剪修剪贵宾犬的脚部、面部、颈部和尾部，修剪方式与运动装相同。

（2）修剪臀部：以髋骨为中心，到尾巴根部的长度为半径，用彩色粉笔做一个大一点的圆形记号，设定好低绒球（也就是臀部两侧的绒球）的位置。需要注意的是，如果从背部到腰部的被毛厚度不足 3～5 cm，就无法做出低绒球。然后，在最后一根肋骨附近用直剪修剪一条假想线作为身体被毛和低绒球的分界线（大概在体长的 2/3 处），除了绒球部分，其余全部剃光，要求露出皮肤。

（3）修剪臀部两边的绒球，将臀部的毛发向上向外梳，尽量提高，顺着毛发修剪使绒球显得更圆，然后修剪顶部使其如盖状。先剪出弧形轮廓，每次只剪一点。确定了正确形状后，再精修毛发，使其更圆润，两侧绒球大小、形状要一致。毛球顶部不要太高，毛发太高会显得背部短。

（4）修剪肛门：将肛门周围的毛全部剃光，露出生殖器。

（5）修剪后肢：后肢胫骨远端 1/3 的被毛留下，其余部位全部剃光。

（6）修剪腿部毛球：首先确定好前后肢的毛球位置，前肢的毛球要配合后股的毛球高度来决定位置。一般后肢毛球的位置在脚部以上至跗关节 2～3 cm 处（胫骨远端 1/3），前趾毛球的位置在脚部以上至桡骨远端 1/3 处。按照毛球的位置作一条假想线，然后沿着假想线将不需要的被毛剃掉，前肢修剪至肘部上方 1 cm 处，前肢内侧要修剪至肘部。再用直剪将毛球修圆，前后肢左右毛球的大小、高度要一致。

（7）修刘海：将两只外眼角之间额头上的饰毛分出"半月状"，用橡皮筋扎起来。用美容梳的前端钩住橡皮筋向上拉，拉的程度由刘海的大小决定，刘海的大小要与吻部保持平衡。

（8）以两侧、颈部、背部的顺序进行梳理后，将前身最后端的边缘修剪整齐、圆滑。

（9）用梳子梳理胸部的毛发，用电剪沿着肘部水平线进行修剪。

（10）用镜子将耳朵两侧的毛发向下梳理，在耳朵最下方剪齐。

（11）修剪尾部球形：尾部毛球的高度与耳朵高度相同。

（12）梳理前后身，修剪头顶、颈部、肩胛部的毛发，使被毛自然。

2.英国马鞍装

英国马鞍装造型与欧洲大陆装造型不同的是,后躯应修剪成类似马鞍的形状,后肢留两个毛球。修剪后,前肢有一个毛球,后肢上下两个毛球,尾巴的末梢修剪成绒球。

修剪过程如下:

(1)头部、脚部及胸腹部的修剪方法和欧洲大陆装相同。

(2)后肢下部毛球位置:在跗关节上方2～3 cm的位置,向着脚部呈45°用剪刀剪出一条标记线。

(3)上部球装位置:在膝关节上方与美容台呈10°处用剪刀剪出一条标记线。

(4)将两个毛球用直剪修圆。

(5)前身与马鞍的分界线大概在最后一根肋骨处,经过此分界线从背部至腹部分出一条线,将躯体分成两部分。

(6)修剪腰部:沿着上一步剪好的分界线,从侧面在腰窝附近,向后侧中央剃出一个半月形的腰带(大约在肾脏的体表投影位置)。腰的位置美容师可以根据犬的体型大小进行调节。通过对腰部的修剪,使这款英国马鞍装造型更加形象。

(7)用左手抬起犬的前肢,用电剪修剪腹部。

(8)在尾根处将背部、臀部被毛修剪出一个倒"V"形。

(9)完成马鞍修剪　用梳子将犬背部的毛发向前梳理,臀部的毛发向下梳理。站在犬的后方,将腰部、臀部及腹部的被毛用直剪修剪整齐、圆润,修出马鞍状。对于矮小型犬,将腹部往上提起再修剪。

(10)将上部毛球修剪圆滑,从后面看上去,鞍部要比上部毛球小。

(11)下部毛球与地面成45°,修剪成圆形。

泰迪造型绘图

(12)修剪前肢的毛球要与后肢下部的毛球对应,最好也剪出一条分界线。分界线以上用电剪修剪外侧剪到肘部下1 cm处,内侧剪到肘部。

(13)用直剪修剪前身与鞍部的界线位置,将颈部、背部毛发修剪自然。

萌系棒球腿小圆头
造型的快速修剪

(14)其余部分修剪与欧洲大陆装相同。

三、常见贵宾犬泰迪萌宠头装

常见贵宾犬泰迪萌宠头装见图3-1-60。

【技能评价标准】

优秀等级:能根据贵宾犬体型标准鉴定犬只标准程度,能在规定时间内完成贵宾犬运动装造型修剪,要求符合美容修剪标准的同时刀工优秀,整体线条流畅圆润;能设计贵宾泰迪萌宠造型,能初步修剪萌宠造型。

良好等级:能根据贵宾犬体型标准鉴定犬只标准程度,能在规定时间内完成贵宾犬运动装造型修剪,要求符合美容修剪标准的同时刀工良好,整体线条基本流畅。

及格等级:能根据贵宾犬体型标准鉴定犬只标准程度,能在规定时间内完成贵宾犬运动装造型修剪,要求符合美容修剪标准,有线条感。

大圆头

小圆头

飞耳小圆头

低耳位八字头（花生头）

蘑菇头

莫西干头

高耳位八字头

公主头

耳麦头

图 3-1-60　常见贵宾犬泰迪萌宠头装

任务 3-2　比熊犬美容

一、比熊犬品种简介

比熊犬品种介绍

比熊犬名字起源于法文"Bichon Frise"。"Bichon"是可爱或小宝贝的意思，"Frise"是卷毛的意思。该犬又称为法国拜康犬、小短鼻卷毛犬。

1.起源

原产于非洲西北加利亚群岛，原名为巴比熊犬，后缩为比熊犬。16 世纪中叶由原来的中型犬改良为现在的小型犬,深受人们喜爱。

2.外貌特征

(1)体型 体高 20～30 cm,体重 3～5 kg。体长比体高多出约 1/4,胸深约为体高的 1/2。体质紧凑,骨量中等,既不粗糙,也不纤细。

(2)头部 头与身体比例匀称,头盖较平坦,但顶毛部分较圆。头盖比口吻长,口吻粗细适中。鼻突黑色,牙齿呈剪状咬合。眼睛稍圆且不突出,呈黑色或深褐色。眼睛周围有黑色或深褐色皮肤环绕(眼圈)。耳朵下垂,隐藏在长而流动的毛发中,耳廓的长度能延伸到口吻的中间。耳朵的位置略高于眼睛所在的水平线,并且位置比较靠前。

(3)颈部、背线、躯干 颈长约为体长的 1/3,昂起,平滑地融入肩胛。背线水平,腰部直,肌肉发达。胸部相当发达,宽度能允许前肢自由而无拘束地运动,胸部最低点至少能延伸到肘部,前胸非常明显,且比肩关节略向前突出一点。下腹曲线适度上提。前肢前臂和腕部既不能呈弓形,也不弯曲;后肢适度弯曲,从飞节到足部完全垂直于地面。足部紧而圆,猫型趾,脚垫为黑色。

(4)尾部 尾巴的位置与背线齐平,温和地卷在背后,所以尾巴上的毛发靠在背后。

(5)被毛 底毛柔软而浓厚,外层被毛粗硬且卷曲,富有弹性。经过沐浴和刷拭后,被毛站立在身躯上,蓬松、有立体感。颜色为白色,在耳朵周围或身躯上有浅黄色、奶酪色或杏色阴影。

(6)步态 小跑的动作舒展、准确而轻松。从侧面观察,前腿和后腿的伸展动作相互协调,前躯伸展轻松,后肢驱动有力,背线保持稳固。运动中,头部和颈部略微竖立,随着速度加快,四肢有向身躯中心线聚拢的趋向。后侧观望,后腿间保持中等距离,可以看见脚垫。

3.缺陷

过大或过分突出的眼睛、杏仁状的眼睛及歪斜的眼睛都属于缺陷。尾巴位置低、尾巴举到与后背垂直的位置或尾巴向后下垂都属于严重缺陷,螺旋状的尾巴属于非常严重的缺陷。成熟个体身上白色以外的颜色超过被毛颜色总量的 10% 就属于缺陷,但幼犬身体上出现浅黄色、奶酪色或杏色等允许的颜色则不属于缺陷。

4.特性

温和而守规矩,很容易满足,敏感、顽皮、愉快的性格是这个品种的特点,卷在背后的尾巴和好奇的眼神能体现出其欢快的气质。

二、比熊犬修剪要点

比熊犬被毛的内层被毛柔软、稠密,外层被毛稍微粗糙、卷曲。触摸被毛有柔和、踏实之感,如同触摸丝绒和天鹅绒一般。剪毛是为了显示躯体轮廓,从任何方向看都是圆形,不要修剪得过短,头部、嘴部、耳部和尾部的毛稍微留长。头部被毛留长给人以圆形的感觉。修剪头部正面的轮廓重点是眼睛和鼻子;眼睛与鼻头这 3 个点连起来约成倒置的等边三角形,双眼间的连线把圆一分为二,下段的长度应小于上段,这样不会使面部感觉下坠,头部的感觉很平稳。背中线修剪成水平。被毛留足够长,不要把比熊犬剪得过于单薄,因为比熊犬要的就是"厚厚的感觉"。这种感觉不是臃肿,是饱满,保证外表好看,这是本品种的特点。

【技能训练】

实训目标

1.掌握比熊犬的犬种标准,能辨别比熊犬的优良等级。

2.掌握比熊犬常规馒头装的修剪要点。

3.了解比熊犬赛级圆头装的修剪要点。

4.学会并能在实践操作中完成比熊犬馒头装的修剪工作。

材料准备

电剪、10 号刀头、直剪、牙剪、美容梳、比熊犬。

步骤过程

1.任务准备

(1)给比熊犬洗完澡后,边梳边吹,使被毛蓬松。

(2)用 10 号电剪刀头将脚底毛剃干净。

(3)用 10 号电剪刀头将腹毛和肛门周围毛剃干净。

2.操作步骤

(1)用牙剪剪短肛门下方的毛以及尾根的毛。

(2)用直剪将尾巴饰毛修剪成与背线只有 2 cm 的距离。

(3)在尾根上方用直剪倾斜约 45°修剪出一个斜面,以尾根为中心将臀部修剪得浑圆(图3-2-1)。

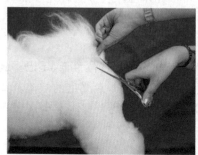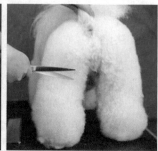

图 3-2-1　修剪臀部

(4)从臀部到背部水平修剪出一条背线(图 3-2-2)。

(5)以背线为基准,从臀部向后肢呈弧形过渡修剪,后肢与臀部的毛发要形成浑然一体的感觉(图 3-2-3)。用直剪修剪两后肢的杂毛,将飞节处修剪得有角度感。

(6)用直剪从臀部和背线过渡到腰部,在稍微靠前的部分修剪出腰线,这样使犬的腰部显得细一点。

(7)腹部的毛发剪成圆形(图 3-2-4),使侧腹部与正腹部自然衔接,腹线稍微高一些,修成前高后低的形状(图 3-2-5)。胸部至腹部的部分剪成圆瓶形,注意胸腹部的衔接。

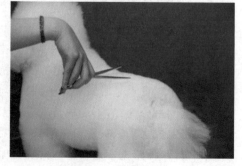

图 3-2-2　修剪背线

  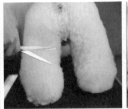 

图 3-2-3　修剪臀部

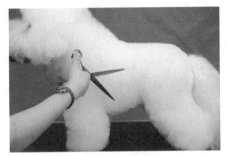

图 3-2-4　修剪腹部

图 3-2-5　修剪腹线

(8)将比熊犬的头部修剪成圆形(图 3-2-6)。把眼睛周围的毛修剪整齐,将眼睛露出,修成陷入毛中的形状。从嘴巴至下颌的毛修剪成弧形,但下颌的毛要剪得较短。从鼻子至眼睛的毛发,左右分成两半后,与胡须一起向下修剪,鼻尖上多余毛发可以减掉。

(9)将犬颈部拉直,从头部到肩部和背部直线过渡,与背线融合(图 3-2-7)。

修剪前额

修剪眼睛周围饰毛

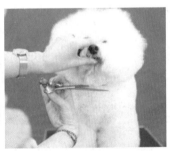

下颌修图

头顶饰毛修圆

头部修圆

修耳朵与头部饰毛

图 3-2-6　比熊犬头部修剪

（10）从下颌过渡到前胸（图3-2-8），将前胸的毛发剪得很短，与胸部衔接，剪后胸部至腹部呈曲线。

图3-2-7　颈部衔接修剪

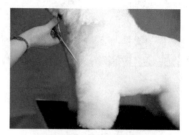

图3-2-8　修剪前胸

（11）从肩至前肢外侧以直线向下修剪，将胸部被毛修剪圆润。前肢从肩部过渡，修成圆柱形，足部修剪至能看到脚趾的程度（图3-2-9、图3-2-10）。在胸部与前肢的交接处修剪出曲线，这样使腿看起来修长一些。

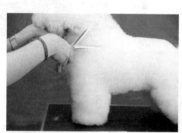

图3-2-9　肩至前肢过渡

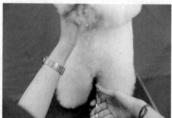

图3-2-10　修剪前肢

3.修剪整形

比熊犬修剪前毛发参差不齐（图3-2-11），修整全身被毛后比熊犬整体造型浑圆、利落、可爱（图3-2-12）。

图3-2-11　比熊犬修剪前

图3-2-12　修剪后整体造型

注意事项

1. 比熊犬的被毛浓密、柔软,所以刷毛或梳理时应使用密齿梳。

2. 头部修剪时要注意突出头部圆形的特点,耳朵与头部饰毛应浑然一体,眼睛陷入饰毛中。

3. 四肢圆柱的修剪要注意角度。

4. 在修剪腹部和腹线时,要在犬正常站立时进行,并注意左右对称。

5. 使用正确的保定方法,保持修剪好的造型。

【技能评价标准】

优秀等级:能根据比熊犬的犬种标准对比熊犬进行等级划分,能熟练修剪比熊犬日常馒头装,同时通过阶段性训练能够修剪赛级圆头装。

良好等级:能根据比熊犬的犬种标准对比熊犬进行等级划分,能熟练修剪比熊犬日常馒头装。

及格等级:能根据比熊犬的犬种标准对比熊犬进行等级划分,能较好地完成比熊犬日常馒头装的修剪。

任务 3-3　博美犬美容

一、博美犬的犬种标准

1. 来源

博美犬最初由位于德国东北部地区波美拉尼亚的普 **博美犬的犬种标准**
鲁士民族饲养,是北方雪橇犬家族中体型最小的一种。它与萨摩犬、松狮犬、挪威猎麋犬都有亲缘关系,而且最初属于工作犬或看护犬,直到欧洲文艺复兴时期才真正转为适居户内的伴侣犬。不过由于原始的天性,博美犬仍然具备看护家园的本领。

2. 品种标准

(1)体型　体高 20~30 cm,体重 1.36~3.18 kg,体长略小于体高,从胸骨到地面的距离等于肩高的一半。骨骼较发达,四肢长度与整个身体相协调。触摸时应该感觉很结实。

(2)头部　头部与身体比例协调,口吻部细而直,且精致,能自由地张嘴却不显得粗鲁。表情警惕,似狐狸。颅骨顶部稍微突起,从前面或侧面看,耳朵小巧,位置高且直立,从鼻尖到两外眼角再到两耳尖形成一个三角形。头部呈楔状。尾根位置高,尾部有浓密饰毛,尾巴平放在背上。眼睛颜色深且明亮,中等大小,呈杏仁状。鼻镜、眼圈呈黑色。牙齿洁白,呈剪状咬合。

(3)颈部　颈部短,与肩部连接紧密,使头能高高昂起。背短,背线水平。身躯紧凑,肋骨扩张良好,胸深与肘部齐平。

(4)前躯　肩部向后伸展,使颈部和头能高高昂起。肩部和前肢肌肉较发达。肩胛骨与上臂骨长度相等。前肢直且相互平行。脚趾紧凑,既不向内翻也不外展。向前呈猫足状,"狼趾"可切除,前脚跟直且强壮。

(5)后躯　后躯与前躯保持平衡。臀部在尾根部后方。大腿肌肉较发达。飞节与地面垂直,腿骨直,两后肢直且相互平行。

（6）饰毛　双层毛，下层饰毛柔软、浓密，上层饰毛浓密、相硬。饰毛除白色以外的所有颜色、图案以及变化均可接受。

（7）步态　步态骄傲、庄重，而且活泼、流畅、轻松。有良好的前躯导向以及有力的后躯驱动。每一侧的后肢都能与前肢在同一直线上移动。腿略向身体中心线聚拢，以达到平衡。前肢和后肢既不向内也不向外翻，背线保持水平，而且整体轮廓保持平衡。

（8）气质　性格外向、活泼调皮、聪明，总是笑眯眯的模样，非常容易融入家庭，但一般会与一名家庭成员特别接近且视它为领袖。博美犬是非常优秀的伴侣犬，同时也是很有竞争力的比赛犬，具有警惕的性格、聪明的表情、轻快的举止和好奇的天性。它虽属于小型犬种，但遇到突发状况会展现出勇敢、凶悍的一面。

二、博美犬常见修剪造型

1. 传统造型

为了使轮廓鲜明整洁用剪刀把耳尖的毛发修圆，和圆圆的头部相协调。然后，把足部的毛发修剪使之呈圆形的猫爪状。修剪尾根下方的毛使尾部更清晰，尾巴由背部卷曲直达耳部，缩短背线。前胸、腹线和大腿的饰毛也需修剪，使整体轮廓看起来像一个圆球形（图3-3-1）。

2. 俊介造型

博美犬一般分为英系与美系，俊介是英系的典型代表。俊介并非是某种犬的学名，而是一只日本网红狗的名字。它在社交平台上的造型受到很多人的追捧，导致很多人管这种哈多利系博美犬就叫作俊介犬。俊介造型就是一种修饰方法，就是头部和身体都被明显修剪的造型。下面我们可以通过图片进一步了解这两种造型的区别（图3-3-2）。

图 3-3-1　传统造型

图 3-3-2　俊介造型

【技能训练】

技能目标

1. 掌握博美犬犬种标准。

2. 学会博美犬的传统造型修剪技术。

3. 学会博美犬俊介造型修剪技术。

材料准备

电剪、10号刀头、直剪、牙剪、小剪刀、美容师梳、博美犬。

步骤过程

1.博美犬传统造型修剪

准备工作   用 10 号电剪刀头将脚底毛、腹毛毛剃干净,公犬剃成倒"V"形,母犬剃成倒"U"形;将肛门周围的毛剃成"V"形,宽度不超过尾根。

操作流程:

(1)修剪博美犬的脚成猫足状。将犬脚向前伸,用拇指将脚趾上的毛推向右边,用小直剪剪掉超过足垫边缘的多余饰毛,再将毛推向左边,剪掉多余饰毛,露出趾甲。然后处理断层,使脚看上去有弧度。

(2)将牙剪放在尾根位置,从两边各打斜 45°修剪尾根的被毛(图 3-3-3),掀起尾巴,捏住尾巴中间的饰毛,将尾部的毛向上挑起,修剪尾根上的毛,修至几乎与尾巴平,从侧面看感觉尾根提至腰部,并将侧面边缘的毛剪至扇形,使尾巴伏贴背上。将影响到尾巴与背部伏贴的毛剪掉。

(3)用直剪修剪臀部。将修剪范围扩大到臀部上方一点,将臀部以及大腿至飞节修圆,并将大腿修成"鸡大腿"状(图 3-3-4)。

(4)将后肢飞节处的毛挑起,观察飞节与桌面是否垂直,若垂直则将参差不齐的毛剪掉(图 3-3-5)。飞节若向前斜,则上部留毛短,下部留毛长;若向后斜,则上部留毛长,下部留毛短。

(5)修剪腰线。用直剪左右各倾斜 45°沿臀部修剪出股部分界线,在后肢前面稍稍修剪出一条弧线,但不要特别突出腰。

(6)用直剪从后肢大腿处沿下腹部曲线修剪至前肢饰毛,平行修剪下腹部,并修成弧形的腹线。

(7)犬两前肢正常平行站立,将胸部毛挑起,用直剪从上向下、从右向左横剪出两个圆,圆的最低点肘关节,使胸部浑圆、饱满(图 3-3-6 和图 3-3-7)。

(8)将前肢剪成垂直于地面的形状(图 3-3-8 和图 3-3-9)。

(9)用拇指与食指握住犬的上下颌,小指从头顶绕过,扣住头后部,挡住眼睛,分别从上面和下面用直剪剪掉胡子和眉毛。

(10)用声音吸引犬将耳朵摆正,手摸到耳朵位置,用拇指和食指捏住,再用小直剪剪掉耳尖多余饰毛,使耳尖、眼角、鼻尖成正三角形(图 3-3-10,图 3-3-11)。

(11)用直剪将背部参差不齐的被毛修齐、修圆。

(12)整体修剪   用牙剪整体修剪,将参差不齐的毛修顺,形成浑圆、利落、可爱的造型。

图 3-3-3   修剪尾根

图 3-3-4   修剪后肢

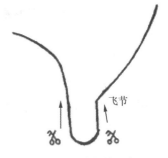

图 3-3-5   后肢修剪示意图

图 3-3-6　博美犬的修剪运剪方向

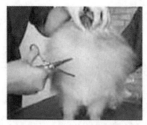

图 3-3-7　修剪胸部

图 3-3-8　修剪前肢

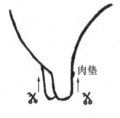

图 3-3-9　修剪前肢示意图

图 3-3-10　修剪耳朵

图 3-3-11　耳朵修剪方法示意图

注意事项

（1）耳朵的修正　如果两耳距离大,则将耳朵外边缘毛多剪,内边缘毛少剪;若耳朵长得很紧凑,则耳朵外边缘毛少剪,内边缘毛多剪(图 3-3-12,图 3-3-13)。

图 3-3-12　两耳距离小的修正

图 3-3-13　两耳距离大的修正

（2）四肢的修正　四肢长的犬,腹线修剪幅度小,毛留较长;四肢短的犬,腹线修剪幅度大,毛较短(图 3-3-14)。

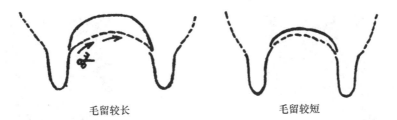

毛留较长　　　　　　毛留较短

图 3-3-14　腹线修剪幅度

2.俊介造型修剪

对于球形博美犬、短嘴巴博美犬、耳朵间距紧凑的博美犬、头顶和脸颊两侧爆毛的博美犬、玻璃球眼睛的博美犬适合俊介造型的修剪。

任务准备

(1)用 10 号电剪刀头将脚底毛剃干净。

(2)用 10 号电剪刀头将腹毛剃干净,公犬剃成倒"V"形,母犬剃成倒"U"形。

(3)用 10 号电剪刀头将肛门周围的毛剃成"V"形,宽度不超过尾根。

操作步骤

(1)修剪博美犬的脚成猫足状。将犬脚向前伸,用拇指将脚趾上的毛推向右边,用小直剪剪掉超过足垫边缘的多余饰毛,再将毛推向左边,剪掉多余饰毛,露出趾甲。然后处理断层,使脚看上去有弧度(图 3-3-15)。

(2)修剪尾巴。将牙剪放在尾根位置,从两边各打斜 45°修剪尾根的被毛(图 3-3-16),掀起尾巴,捏住尾巴中间的饰毛,将尾部的毛向上挑起,修剪尾根上的毛,修至几乎与尾巴平,从侧面看感觉尾根提至腰部,并将侧面边缘的毛剪至扇形(图 3-3-17),使尾巴伏贴背上,否则将影响尾巴与背部伏贴的毛剪掉。

(3)用直剪将背部参差不齐的被毛修齐、修圆(图 3-3-18)

(4)用直剪修剪臀部。用直剪左右各倾斜 45°沿臀部修剪出股部分界线(图 3-3-19),将修剪范围扩大到臀部上方一点,将臀部以及大腿至飞节修圆(图 3-3-20),并将大腿修成"鸡大腿"状。

图 3-3-15　修剪足圆

图 3-3-16　修剪尾根

图 3-3-17　修剪尾巴

图 3-3-18　修剪背线

图 3-3-19　修剪臀两侧

图 3-3-20　修剪臀后侧

（5）将后肢飞节处的毛挑起，观察飞节与桌面是否垂直，若垂直则将参差不齐的毛剪掉。飞节若向前斜，则上部留毛短，下部留毛长；若向后斜，则上部留毛长，下部留毛短（图 3-3-21）。

图 3-3-21　修剪后肢后、内、外、前侧

（6）修剪腹线。在后肢前面稍稍修剪出一条弧线，但不要特别突出腰，用直剪从后肢大腿处沿下腹部曲线修剪至前肢饰毛，平行修剪下腹部，并修成弧形的腹线（图 3-3-22）。

（7）犬两前肢正常平行站立，将胸部毛挑起，用直剪从上向下、从右向左横剪出两个圆，圆的最低点肘关节，使胸部浑圆、饱满（图 3-3-23）

（8）身体两侧。用直剪从肩胛骨处向腰的位置进行修剪，将身体修圆（图 3-3-24）。

图 3-3-22　修剪腹线　　　　　图 3-3-23　修剪前胸　　　　　图 3-3-24　修剪身体两侧

（9）将前肢修剪成垂直于地面的圆柱形状（图 3-3-25）。

图 3-3-25　修剪前肢

（10）用拇指与食指握住犬的上下颌，小指从头顶绕过扣住头后部，挡住眼睛，分别从上面和下面用直剪剪掉胡子和眉毛（图3-3-26）。

图 3-3-26　修剪头部

（11）用声音吸引犬将耳朵摆正，手摸到耳朵位置，用拇指和食指捏住，再用小指剪剪掉耳尖多余饰毛（图3-3-27），使耳尖、眼角、鼻尖呈正三角形。

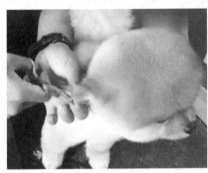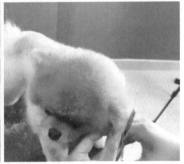

图 3-3-27　修剪耳朵

注意事项

（1）耳朵的修正　如果两耳距离大，则将耳朵外边缘毛多剪，内边缘毛少剪；若耳朵长得很紧凑，则耳朵外边缘毛少剪，内边缘毛多剪。

（2）四肢的修正　四肢长的犬，腹线修剪幅度小，毛留较长；四肢短的犬，腹线修剪幅度大，毛较短。

任务 3-4　北京犬美容

一、北京犬品种介绍

北京犬是一种平衡良好、结构紧凑的犬种，又名北京狮子犬、宫廷狮子犬、京巴犬。

1.起源

北京犬起源于中国，根据考古发现，在两千多年前中国就已经有了北京犬，护门神"麒麟"就是该犬的化身。北京犬在历代王朝中均备受宠爱，视为珍宝，只在宫廷内繁殖。数百年来，宦官担负着保持北京犬血统纯正的责任，制定了严格的育种标准。直到1860年，八国联军攻占北京，北京犬作为战利品被带到英国，献给了维多利亚女王，北京犬才被西方熟知。

2.外貌特征

（1）体型 身材矮胖，肌肉发达，体重 3～6 kg，体高在 20～25 cm，体高和体长的比例大约以 3:5 为佳。

（2）头部 头顶高，骨骼粗大、宽且平，面颊骨骼宽阔，使头呈矩形；下巴、鼻镜和额部处于同一平面；鼻子黑色、宽且短，上端正好处于两眼间连线的中间位置；眼睛大、黑、圆、有光泽而且分得很开；口吻短且宽，有皱纹，皮肤是黑色的；下颚略向前突；嘴唇平，而且当嘴巴闭合时不露牙齿和舌头；心形耳，位于头部两侧。

（3）颈部、背线、身躯 颈部非常短，而且粗；身体呈"梨"形且紧凑；前躯重，肋骨扩张良好；胸宽，胸骨突出很小或没有突出；腰部细而轻，背线平；前肢短且骨骼粗壮，肘部到脚腕之间的骨骼略弯；肩平贴于躯干，肘部总是贴近身体；前足爪大、平且略向外翻；后躯骨骼比前躯轻；从后面观察，后腿适当靠近、平行；趾扁平，趾尖向前。

（4）尾部 尾根位置高，尾向背部翻卷，饰毛长、厚且直，并垂在一边，呈放射状，有"菊花尾"之称。

（5）被毛 身躯被毛长、直、竖立，而且有丰厚柔软的底毛，脖子和肩部周围有明显的鬃毛，且比其他被毛稍短。在前肢和大腿后边，耳朵、尾巴、脚趾上有较长的饰毛。被毛颜色种类多样。

（6）步态 从容高贵，肩部后略显扭动。由于前躯重、后躯轻，所以会以细腰为支点扭动。扭动的步态流畅、轻松，显得很自由。

3.缺陷

缺陷包括体重超过 6 kg；头顶呈拱形；鼻镜、嘴唇、眼圈不是黑色；上颌突出式咬合，牙齿或舌头外露，嘴巴歪斜；耳位过高、过低或靠后；脊柱弯曲；前腿骨骼直。

4.特性

北京犬小巧玲珑、秀气，综合了帝王的威严、自尊、自信、顽固且易怒的本性，个性活泼，表现欲强。对陌生人有很高的警惕性，但对宠物主人则显得可爱、友善而充满感情，是优秀的玩赏犬。

二、北京犬造型（图 3-4-1，图 3-4-2）

图 3-4-1 北京犬传统造型

图 3-4-2 北京犬夏凉装造型

【技能训练】

技能目标

掌握北京犬夏凉装的造型修剪。

材料准备

电剪、4 号刀头、直剪、牙剪、趾甲剪、美容梳、针梳、美容桌、洗耳液、洗眼液、吹风机、吹水机、北京犬一只。

步骤过程

1. 将北京犬进行清洁美容后,用 10 号电剪刀头将腹底毛剃干净,母犬剃成倒"U"形,公犬则剃成倒"V"形;肛门周围的毛修剪干净然后准备修剪。

2. 为北京犬修剪夏凉装

(1)电剪操作 躯干修剪 选用 3 号或则 4 号刀头,从枕骨顺毛剃至尾根,从耳根剃至肘关节上面,从下颚(喉结上方)向下剃至腹部,身体侧面要顺毛剃,后肢从坐骨向下留毛(图3-4-3)。

图 3-4-3 躯干修剪

(2)直剪修剪

①修剪臀部:尾根至坐骨 30°~45°,从坐骨指向后脚尖剪到膝窝,后腿侧面与肩同宽剪齐,最后把坐骨包圆,整体修剪圆润、饱满(图3-4-4)。

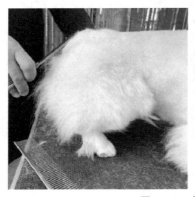

图 3-4-4 修剪臀部

②修剪后肢与足圆:使用针梳逆毛梳起飞节部位的毛,用直剪向下垂直剪齐,足圆使用牙剪修剪成水滴状(图3-4-5)。

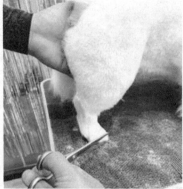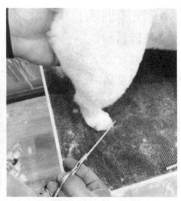

图 3-4-5　修剪后肢与足圆

③修剪前肢：前肢先自然连接剃的痕迹，前肢四个方向垂直修剪整齐，修成圆筒形状（图3-4-6）。

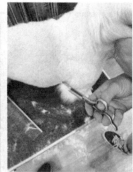

图 3-4-6　修剪前肢

④修剪头部：头部尽量用牙剪类工具修剪，下颚平剪剪齐，嘴角延耳廓修剪整齐，放下耳朵，从下颚到头顶整体修剪成圆形；鼻子上方与额头的杂毛修剪工整，外眼角的杂毛也要修剪工整（图3-4-7）。

图 3-4-7　修剪头部

⑤修剪脖颈与耳朵：耳后方至枕骨整体包圆，修剪耳朵时一定要注意，肉身边缘的位置，尽量用手指掐住边缘，再去修剪耳部饰毛（图3-4-8）。

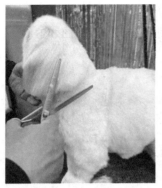

图 3-4-8 修剪颈部

⑥修剪尾巴：尾巴过长需要修剪长短，否则不需要修剪长短。掐住尾尖，旋转一圈，平剪剪齐；先把尾根自然连接到尾部饰毛，提起尾巴，让饰毛自然下垂，整体修剪成狗尾巴草的形状（图 3-4-9）。

图 3-4-9 修剪尾巴

3.北京犬狮子装造型修剪

（1）修剪背部的被毛　将犬颈部以前的毛向前梳理，以此为界，用 4 号电剪刀头向后剃至坐骨端（图 3-4-10）。

（2）修剪体躯　以颈部为界，用 4 号电剪刀头将身体两侧被毛全部剃除，使其光滑整齐（图 3-4-11）。

（3）修剪后躯　4 号电剪刀头剃除大腿外侧被毛，使其光滑整齐。

图 3-4-10 修剪背部　　　　　　**图 3-4-11 修剪体躯**

（4）修剪臀部　4号电剪刀头剃除臀部被毛，并将肛门周围的毛修剪干净（图3-4-12）。

（5）修剪后肢　用电剪将飞节以下剪短，使其圆润、整齐（图3-4-13）。

图 3-4-12　修剪臀部

图 3-4-13　修剪后肢

（6）修剪后足　将脚趾周围的毛用直剪修剪成圆形，使其整齐。

（7）修剪尾巴　用4号电剪刀头剃除2/3尾毛，将剩余1/3尾尖修剪成毛笔尖状（图3-4-14）。

（8）修剪前躯　用4号电剪刀头剃除脖子以下胸前被毛并剃除肩胛骨两侧被毛，再用直剪修剪把颈部留下的"围脖"被毛修剪整齐（图3-4-15）。

（9）修剪前足　将脚趾周围的毛用直剪修剪整齐，使其呈圆形。

（10）修剪腹底毛　用10号电剪刀头将腹毛剃干净，修剪整齐。

（11）修剪面部　用牙剪将脸颊两侧的长毛稍加修剪，整齐即可，不要剪去太多，以免显得头部变小。用牙剪细心修剪内眼角下方、鼻梁上皱褶处的多余长毛。根据个人喜好，可将长而硬的唇须从根部剪掉。

（12）修剪头部　用牙剪修剪头部碎毛，以头顶为中心作扇形修剪，使其圆润光滑。

（13）修剪耳朵　用直剪修短耳缘毛，剪成小圆耳朵，并剪短内外侧饰毛，使其整齐伏贴。

（14）用牙剪修剪电剪与直剪的结合部，使其衔接自然、整齐（图3-4-16）

图 3-4-14　修剪尾巴

图 3-4-15　修剪前躯

图 3-4-16　整体造型

（15）狮子装整体清爽、利落、可爱，其整体运剪方法如图3-4-17所示。

注意事项

（1）传统造型的修剪要体现北京犬的品种特点。

（2）北京犬胸部被毛要修剪得浑圆、饱满。

（3）北京犬头部、面部的修剪要注意细节，使其干净整齐。

（4）传统造型和狮子装尾巴的修剪方法不同。

（5）注意尾巴修剪的技巧与方法。

（6）根据主人要求的长度留取被毛，选择合适的电剪刀头。

（7）修剪要耐心、细致且快速，不要让犬在美容台上站立时间过长。

（8）要有空间想象力，修剪出完美的造型。

图 3-4-17　狮子装运剪示意图

【技能评价标准】

　　优秀等级：能正确使用电剪和手剪按照操作流程完成北京犬的传统造型修剪和狮子装的修剪。留毛长度需均匀，有良好的平整度，能完美体现北京犬苹果屁股鸡大腿的特点，头部造型需要精致漂亮，体现北京犬的高贵气质。

　　良好等级：能正确使用电剪和手剪按照操作流程完成北京犬的传统造型修剪和狮子装的修剪。留毛长度相对均匀，有一定的平整度，能较好地体现北京犬的苹果屁股鸡大腿的特点，头部造型需要比较漂亮。

　　及格等级：能正确使用电剪和手剪按照操作流程完成北京犬的传统造型修剪。有一定的平整度即可，能体现北京犬苹果屁股鸡大腿的特点。

任务 3-5　雪纳瑞㹴犬美容

一、品种介绍

　　雪纳瑞㹴犬也称为史揉查㹴，原产于德国，是㹴犬中唯一一个不含有英国血统的品种。雪纳瑞㹴犬的名字 Schnauzer 在德语中是"口吻"的意思。雪纳瑞㹴犬的祖先具有贵宾犬和德国刚毛杜宾犬的血统，是一个活力充沛的犬种。

雪纳瑞品种介绍

　　雪纳瑞㹴犬按体型通常分为三类：①迷你型雪纳瑞㹴犬肩高一般为 30～35 cm，体重 7～8 kg；②标准型雪纳瑞㹴犬肩高一般为 43～51 cm，体重一般为 14～20 kg；③巨型雪纳瑞㹴犬雄性肩高 64～70 cm，雌性肩高 59～64 cm；体重 32～35 kg。像老头一样非常清晰的眉毛和胡须使它看起来有非常特殊的口吻，这是该犬种的主要特征。标准雪纳瑞㹴犬的智商较高，乐于接受训练，天性合群，表情警觉，勇敢且极度忠诚，是温和的伴侣犬，通常能与老人、孩子融洽相处。

　　雪纳瑞㹴犬属于刚毛长腿㹴犬。按毛发纹理逆向观察，其毛发是向后方生长的，既不光滑也不平坦。口吻和眼睛上面的毛发相对较长一些，腿上的毛发比身躯上的要长一些。雪纳瑞㹴犬不同身体部位的被毛软硬程度也是不同的，一般分为绒毛和刚毛。绒毛主要分布在脸部和四肢及下腹部，刚毛主要分布在背部和颈部。幼年雪纳瑞㹴犬全身覆盖绒毛，6 月龄时长出刚毛。雪纳瑞㹴犬在比赛中要求被毛长度不可小于 1 cm，且每一根被毛都要有毛尖。所以参赛犬只需要拔毛，不能用电剪进行修剪。如果是参赛犬，在赛前 3 个月左右需要进行拔毛。

　　雪纳瑞㹴犬常见的毛色有黑色、黑白相间的灰色，还有黑色和银色相间的椒盐色。典型的

毛色是椒盐色,它是黑色混合了白色毛发或白色镶黑色的毛发,呈现出不同深浅的椒盐色、铁灰色及银灰色。理想的黑色标准雪纳瑞㹴犬是真正的纯色,没有混合任何肉眼可见的灰色、褐色或褪色、变色。

在雪纳瑞㹴犬美容护理中应注意刚毛和绒毛要分开护理,使用不同的浴液,有条件的在第一次清洗后使用雪纳瑞㹴犬专用的护发素进行保养。

二、雪纳瑞㹴犬的身体结构

标准雪纳瑞㹴犬身躯紧凑、结实,骨量充足,身高与体长几乎相等,接近正方形。

(1)头部　标准雪纳瑞㹴犬头部结构紧实、长、呈矩形;从耳朵开始经过眼睛到鼻镜稍稍变窄,整个头部的长度大约为后背长度的一半。面颊平坦,咬合肌发达,但不夸张。耳朵位置高,中等厚度,可向前折叠,内侧边缘靠近面颊;做了立耳术的犬,耳朵应该竖立呈倒"V"形直立,两边耳朵大小和耳型相同,有耳尖,且与头部比例匀称,耳根于头盖骨上方。

眼睛属于中等大小,深褐色,呈卵形,在面部的正前方(从正面可以完整地看见眼睛)。全身被毛是刚毛。眉毛不能太长,否则会遮住眼睛影响视力。鼻子的鼻镜大,黑色且丰满。口吻结实,与脑袋平行,且长度与脑袋一致。口吻末端呈钝楔形,有夸张的刚毛胡须,使整个头部的外观呈矩形。口吻的轮廓线与脑袋的轮廓线平行。嘴唇黑色,紧实。面颊部咬合肌发达。一口完整的白牙齿,坚固,以完美的剪状咬合方式咬合。以上颚突出式或下颚突出式咬合的则视为失格。

(2)颈背部　标准雪纳瑞㹴犬的颈部结实、直、中等粗细且长度适中。颈部与肩部结合简洁,呈现优雅的弧线形。皮肤紧凑,恰到好处地包裹着喉咙,既没有褶皱,也没有赘肉。

标准雪纳瑞㹴犬的背部结实,腰部发育良好。背线不是绝对水平的,是从肩隆处的第一节脊椎开始到臀部(或尾根处)略微向下倾,并略呈弧形。腰部肌肉发达,在紧凑的身躯中尽可能短。

(3)体躯

①前躯:胸深,至少可以延伸至肘部,向后逐渐上收,与上提的腹部相连接。胸部中等宽度,肋骨扩张良好,如果观察横断面,应该呈卵形。肩部肌肉发达,肩膀平坦。肩胛骨稍倾斜,圆形的顶端正好与肘部处在同一垂直线上;向前倾斜的一端与上臂骨(肱骨)接合,从侧面观察应该尽可能呈直角。前肢肘关节以下垂直于地面。两腿适度分开,肘部紧贴身体,肘尖笔直指向后面。

②后躯:后肢肌肉非常发达,与前肢保持恰当比例,但绝不能比肩部更高。大腿粗壮,膝关节角度合适。后肢大腿第1节倾斜,在膝关节处呈恰当的角度;大腿的第2节,即从膝盖到飞节这一段,要与颈部的延长线平行。从飞节到足部这一段短,与地面完全垂直。从后面观察时,两脚后部彼此平行。足爪小、紧凑且圆,略呈拱形,似猫足,既不向内弯,也不向外翻。脚趾紧密,脚垫厚实;趾尖笔直向前;趾甲黑色、结实。

三、雪纳瑞㹴犬的刮毛和拔毛

(1)目的　参赛的雪纳瑞㹴犬为了确保其毛发的状态,需要进行刮毛和拔毛。如果用电剪修剪,会使被毛失去应有的色泽,质地变松软。

(2)工具　中等长度的拔毛刀。

（3）面积范围　电剪剃的部分就是需要刮毛和拔毛的区域。

（4）步骤　具体拔毛区域参照图3-5-1。

①第1作业面上,用梳子梳起少量的毛发靠在拔毛刀片上,左手抓住犬只被皮,右手紧紧捏住毛尾顺毛发生长的方向,用力连根拔掉。用同样的方法将此作业面上所有被毛拔掉,露出皮肤。

②在裸露的皮肤上涂上消毒药膏,并保持清洁。

③隔1周后拔第2作业面上的被毛,以此类推,将第3～6作业面上的被毛拔掉。一般拔毛需要5周完成,拔毛后经过8周的生长,长度即可达到比赛的标准长度。不可将毛发编绕手上用力向上拽,这样会损伤毛发。

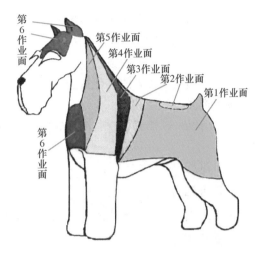

图3-5-1　雪纳瑞㹴犬拔毛作业面示意图

④拔毛完成后4～5周,底部细绒毛长出,此时要耐心地将长出的底毛拔光,留下贴近皮肤的粗毛,即是期待中的刚毛,此时拔毛步骤完成。

⑤刚毛长出后,分别使用粗齿、细齿的刮毛刀适度地刮细毛,每周1次。背部用粗齿的刮毛刀顺毛刮过,细齿刮毛刀于颈部、头部刮掉不伏贴的细毛。

⑥处理完新长出的底毛后,刚毛将随后长出,此时不要清洗犬的被毛。普通的宠物浴液和水会破坏掉刚毛的硬度。因此,洗澡时只洗犬的脸部、四肢及腹部等部位。刚长出刚毛必须清洗时,只能使用㹴类犬专用的刚毛洗毛精。

四、雪纳瑞㹴犬流行造型简介

目前在宠物店会根据顾客的喜爱修剪出比较可爱的造型,常见的流行萌宠造型有雪纳瑞㹴犬毛驴装及雪纳瑞㹴犬萌宠装(图3-5-2)。

a. 雪纳瑞㹴犬毛驴装　　　　b. 雪纳瑞㹴犬萌宠装

图3-5-2　雪纳瑞㹴犬流行造型

【技能训练】

训练目的

1.掌握雪纳瑞㹴犬的犬种标准和美容标准。

2.学会雪纳瑞㹴犬日常造型的修剪技术。

3.了解雪纳瑞㹴犬的拔毛技巧。

4.了解雪纳瑞㹴犬的其他造型。

材料准备

排梳、针梳、钉耙梳、毛刷、浴液、护毛素、吹水机、吹风机、配刀头电剪、直剪、牙剪、雪纳瑞㹴犬。

步骤过程

1.任务准备

对雪纳瑞㹴犬先进行梳理、洗澡、卫生清理,然后剃脚底毛和腹毛。

2.操作步骤

(1)电剪修剪

①修剪头部:使用10号刀头,从眉骨剃到枕骨处,两侧剃到外眼角与耳根连接处(图3-5-3)。

②修剪面部:使用10号刀头逆毛剃,从外眼角到耳根剃成一条直线,下耳根剃至胡须根部,外眼角到嘴角外剃成斜线(图3-5-4)。

③修剪颈部:使用10号刀头,从下耳根处顺毛向下剃直线到胸骨上2指,呈"V"字形;下颌逆毛剃至胡须边缘(图3-5-5)。

④修剪耳部:换15号刀头,从耳根处顺毛剃到耳尖。耳朵内侧从外耳处顺毛剃到耳尖。用40号刀头对耳朵边缘进行修剪,使用电剪时应用手固定住耳朵(图3-5-6)。

图3-5-3　修剪头部　　　图3-5-4　修剪面部　　　图3-5-5　修剪颈部　　　图3-5-6　修剪耳朵

⑤修剪躯体:换7号刀头,从枕骨沿脊椎顺毛剃至尾尖。从胸骨顺毛剃至前肘后侧上1~2指,从前肘后侧依次向后剃斜线至腰窝,腰窝至后腿侧面剃斜线到飞节上2指或3指(图3-5-7)。

图3-5-7　修剪躯干

⑥修剪前胸:使用7号刀头,从胸骨上2指位置剃到胸底(图3-5-8)。

⑦修剪后躯:换 10 号刀头,肛门向上逆毛剃至尾尖,肛门向下剃至生殖器;坐骨顺毛剃直线到膝关节后方(图 3-5-9)。

图 3-5-8　修剪前胸

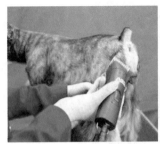

图 3-5-9　修剪后躯

电剪修剪部分运剪方向和修剪方法如图 3-5-10 所示。

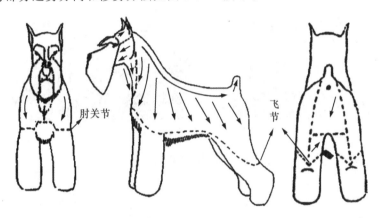

图 3-5-10　电剪修剪部分示意图

(2)直剪修剪

①修剪前躯:用梳子将胸部毛发挑起,从肘部向脚尖修剪直线,内侧修剪直线到桌面,肘后方修剪直线。将前腿修剪成上略细下略粗的"垒球棒"形。从腕关节到脚底部以直线方向修剪整齐,确认无游离的毛从关节或其他部位伸出,脚跟部不突出(图 3-5-11)。

图 3-5-11　修剪前躯

②修剪脚圆:将剪刀端平修剪一圈。将脚圈与前肢衔接处修剪成圆形,与地面呈 25°,整体呈圆柱形(图 3-5-12)。

③修剪腹部:将侧腹部毛发向下梳理,以肘下 2.5～3 cm 修剪小斜线到腰部,腹底毛修平(保护犬乳头及生殖器)(图 3-5-13)。

图 3-5-12　修剪脚圆

图 3-5-13　修剪腹部

④修剪后躯：从后肢前方修剪斜线到脚尖。修饰后腿时要将膝盖上的毛发与跗关节上的毛发相融合，从膝关节向下到跗关节修成半圆形，后肢内侧修剪直线，飞节处要垂直于桌面，后脚跟与地面呈 45°（图 3-5-14）。

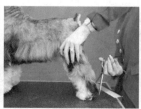

图 3-5-14　修剪后躯

⑤修剪耳朵：从耳朵两侧的外耳根向耳尖修剪成直线。修剪耳边缘的小绒毛时，手指轻轻按住耳廓，用剪刀去除耳朵周围所有绒毛，小心附耳（图 3-5-15）。

⑥眉毛修剪：掀起眉毛剪掉睫毛（根据宠物主人要求），将眉毛打薄；把剪刀卡在两眼角处剪掉挡住眼睛的杂毛，将眉毛与胡子分开；从前方将眉毛修剪呈月牙形（图 3-5-16）。具体修剪方法如图 3-5-17 所示，修剪眼睛之间的毛发以形成分隔，要剪得干净、紧密、界限突出。将眉毛向前梳，以鼻子为中心形成一条平行线，

图 3-5-15　修剪耳朵

用剪子向前剪。分别在外眼角处，剪尖对准鼻子中心交叉处剪，两侧修剪处相交，形成一个倒立的"V"形，眉毛要与周围的短毛相融合。

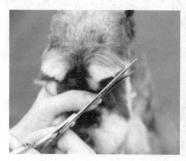

图 3-5-16　修剪眉毛

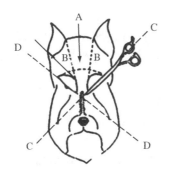 

图3-5-17 眉毛修剪示意图

⑦修剪胡子：胡子向两侧梳齐，将鼻梁上的杂毛剪掉，将胡子修得略圆，但要保持胡子的长度；用剪刀沿直线将胡子剪成紧靠脸颊的矩形，不要动眼睛下部的毛，可以略微修剪不平整、凌乱的胡须（图3-5-18）。

（3）牙剪修剪

①修剪颈部：将耳根下方电剪所剃位置用牙剪修剪整齐。

②修剪尾巴：将坐骨下、尾部后方电剪修剪过的地方用牙剪修剪伏贴（图3-5-19）。

 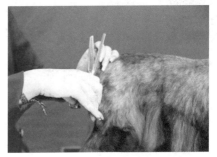

图3-5-18 修剪胡子　　　　　　　　　　图3-5-19 修剪尾巴

③修剪头部：将电剪修剪后的头部毛发修剪整齐，从鼻梁中间向内眼角两侧修剪斜线；额段中心向头顶部修剪伏贴；将牙剪插入两眉心之间，修掉杂毛，使眉心一分为二；将眉毛向前梳直，稍修饰使眉形更加整齐、美观。

3.整体造型

整体造型要表现出机警、勇敢、活泼、友好、聪明、可爱、热情的特点。

注意事项

1.电剪修剪部分注意每一部分的修剪界限，按照要求更换刀头。

2.电剪修剪部分要注意运剪方向，颈部和背部的毛要按毛的生长方向从背部开始，向左、向右顺序修剪。

3.头顶、眼部及耳部的杂毛，要修得短且整齐。

4.胡须要修剪得整齐、匀称美观。

5.尾部过长的毛要适当修剪，但不能剪得太短。

6.四肢内侧的毛要修剪整齐。

7.电剪与直剪修剪部分要衔接自然。

【技能评价标准】

　　优秀等级：能正确运用不同型号刀头的电剪做好雪纳瑞㹴犬不同区域的修剪，并使用直剪做好腿部修剪。留毛长度需均匀，有良好的平整度；能使用直剪和牙剪做好面部修剪，重点强调眉毛的修剪造型。

　　良好等级：能较好地运用不同型号刀头的电剪做好雪纳瑞㹴犬不同区域的修剪，并使用直剪做好腿部修剪。留毛长度需均匀，有良好的平整度；能使用直剪和牙剪做好面部修剪，重点强调眉毛的修剪造型。

　　及格等级：能运用不同型号刀头的电剪做好雪纳瑞㹴犬不同区域的修剪，并使用直剪做好腿部修剪。能使用直剪和牙剪做好面部修剪，重点强调眉毛的修剪造型。

任务 3-6　可卡犬美容

　　可卡犬是目前比较流行的犬种之一，在世界范围内饲养分布比较广泛。按照起源和外形的不同，可将其分为英国可卡犬和美国可卡犬两种。该犬擅长惊飞或寻回鸟类等猎物，尤其擅长捕猎山鹬，故称猎鹬犬。一般常说的可卡犬指的是美国可卡犬，简称"美卡"。

可卡犬品种介绍

一、英国可卡犬的品种标准

1.英国可卡犬的起源

　　英国可卡犬（图 3-6-1），又称英国曲架犬、英国可卡猎鹬犬、英国斗鸡犬，英国可卡长毛猎犬，原产于英国，来自不同体型、毛色和狩猎能力多样化的西班牙猎犬家族。英国可卡犬具有狩猎技巧，是已知的古老陆地猎犬犬种之一。

　　英国可卡犬是一种活泼、欢快的运动猎犬，热衷于野外工作。它性格平静、敏感而温驯，表情温和、聪明且威严、警惕。目前该犬种主要是作为家庭伴侣犬，但在野外围猎中仍表现出色。

　　英国可卡犬一般身高 36～43 cm，偏离此范围者即不符合标准，属缺陷犬种。英国可卡犬最理想体重为公犬 12.70～15.42 kg，母犬 11.9～14.52 kg；寿命一般为 12～15 年。

图 3-6-1　英国可卡犬

2.英国可卡犬的身体结构

　　英国可卡犬体型匀称，拥有尽可能多的骨量，骨骼发达但不显矮壮。肩骨间隆起处是身躯的最高点；肩高略大于肩胛上缘到尾根的距离。

　　（1）头部　圆拱形脑袋，轮廓柔和，略显平坦，没有尖锐的棱角，整体外观结实但不粗糙。从侧面和正面观察轮廓，眉毛高出后脑不多；从上面观察，脑袋两侧的平面与口吻两侧的平面大致平行。面部清晰，大小适中，略有凹槽。

眼睛中等大小,丰满、略呈卵形;两眼间距宽;眼下方轮廓清晰;眼睑紧,瞬膜不明显,有色素沉积或没有色素沉积。除了肝色和带肝色的杂色犬允许有榛色眼睛(榛色越深越好)外,其他颜色犬只眼睛为深褐色。

耳位低,贴头部悬挂,一般要求不高于眼睛较低部位的水平线。耳廓细腻,耳上附有大量美丽的丝质,长直或略呈波浪状、羽状的饰毛。鼻孔开阔、鼻镜为黑色,毛色为肝色、红色、带肝色或带红色的杂色犬只鼻镜颜色可以是褐色,比赛中以黑色为首选。

口吻适度丰满,与头长度大体一致,宽度与眼睛所在的位置一致。颌部结实,有运送猎物的能力,嘴唇四方形,不下垂,上唇不夸张。牙齿呈剪状咬合、钳状咬合方式也可接受;上颚突出式或下颚突出式咬合方式均属于严重缺陷。

(2)颈部、背线 颈部优美,肌肉发达,长度适中,与犬只的高度及长度相平,头方向显得圆拱且结合整洁,没有赘肉,下端入倾斜的肩胛中。从颈部与肩胛的结合处到背线呈完美的平滑曲线,背线稍微向臀部倾斜,没有下陷或褶皱。

背部短且结实;腹短且宽,有轻微的圆拱但不影响背线。

(3)前躯 胸深,可达肘部,向后逐渐向上倾斜;胸部发达,胸骨突出,略微超过肩胛骨与前肢的结合关节;宽度适中,肋骨支撑良好并逐渐向身躯中间撑起,后端略细。肩胛倾斜,肩胛骨平坦,与前肢宽度大致相等,且有足够的角度相连接,使犬只在自然状态站立时肘部正好位于肩胛骨的正下方。

(4)四肢、后躯 前肢直,肘部贴近身躯。后肢肌肉发达,第1节大腿宽且粗,能提供强大的驱动力;膝关节结实,有适度的弯曲;飞节到脚垫的距离短。四肢上下尺寸几乎相同。

后驱角度适中。臀部宽且圆,没有任何的陡峭。圆形足爪与腿部的比例恰当,站立稳固;脚趾圆拱,似猫足;脚垫厚实。

尾巴与背线相平或略高,理想状态下保持水平,不竖立,运动时尾部行动轻快;兴奋时尾巴会举高一些。一般断尾,仅留 1/3。

3.英国可卡犬的毛发

英国可卡犬的毛发质地为丝质。头部毛发短而纤细;身体上毛发长度适中,平坦或略呈波浪状;羽状饰毛较多,允许适当地去除多余毛发以展示其自然线条。毛发有多种颜色,在比赛中,按照 AKC 标准,一般将毛色分为纯色、杂色和棕色斑纹三类。

4.英国可卡犬的步态

英国可卡犬速度快,步态强而有力,主要表现在强大的驱动力方面,力量胜于速度。肩胛和前肢的构造使它能很好地向前,不用收缩步幅来平衡后驱产生的强大推动力。在角度适当的情况下,其关节可以轻松地覆盖地面,角度可向前和向后延伸。

在比赛中,站立等待检查和行走时,犬只的背线要保持一致;进场或离去时,行走路线要笔直,不偏斜、不横行或摇摆。在结构和步态都给当的前提下,前腿和后腿要保持相当宽的距离。

二、美国可卡犬的品种标准

1.美国可卡犬的起源

美国可卡犬(图 3-6-2),又称可卡猎鹬犬,可卡猎、斗鸡猎、斗鸡犬、小猎犬、可卡长毛猎犬等,原产于美国,约在 10 世纪初从西班牙被带到英国,变成英国变种,而后又被带到美国,经过

不断地繁殖和改良而得。1946年,该犬被公认为新犬种,至今仍是美国流行犬种之一。

2.美国可卡犬的基本特征

美国可卡犬的外形和性情与英国可卡犬都极为相似,但体型相对小一些。身高一般公犬 36～34 cm,母犬 34～38 cm;体重 10～13 kg。美国可卡犬的感情更加丰富,外形更加可爱甜美。体高与背长之比为10:8.5,尾与肩胛保持同一高度。

图 3-6-2 美国可卡犬

眼睛呈深褐色、赤褐色、赤色或榛色,颜色越深越好。有黑色毛的犬只鼻镜为黑色,其他颜色犬只鼻镜可以是褐色、肝色或黑色,但颜色越深越好,且要与眼圈的颜色一致。上唇丰满且有足够的深度,能覆盖下颌。

3.美国可卡犬的毛色

美国可卡犬被毛有黑色、褐色、红棕色、浅黄色、银色以及黑白混合等多种颜色。在 AKC 比赛中对毛色要求相对严格,不是所有颜色都可以参加。

(1)黑色 全身毛色为纯黑色,包括黑色带有棕色斑点的。黑颜色要呈墨黑色,允许胸部和喉咙处有少量白色,若其他位置出现白色则属于失格。被毛上有褐色或肝色阴影则视为不理想。

(2)纯色 指毛色除了黑色以外的其他任何纯色,包括从浅奶酪色到暗红色,以及褐色或黑色带棕色斑点。颜色要求深浅一致,允许羽状饰毛处颜色稍浅,允许胸部和喉咙有少量白色。

(3)杂色 指毛色由两种或多种纯色组成,颜色边界清晰,并且其中一种必须是白色。一般常见的有黑色和白色、红色和白色(红色可以从浅奶酪色到暗红色)、褐色和白色、花斑色,以及这些颜色中带有棕色斑点的颜色。如果毛色的主要颜色占到整体的 90% 或更多者会失去纯种犬的资格。

(4)棕色斑 棕色的颜色范围从浅奶酪色到暗红色,所占比例限制在整体的 10% 以内,超过 10% 视为失格。在黑色或其他任何纯色的毛色中,允许在两眼上方、口吻两侧和面颊处、耳朵下面、足爪和腿部或尾巴下方和胸部有整洁的棕色斑点出现。如果口吻部的棕色斑纹过分向上延伸,超过口吻顶部并接合在一起的,属于缺陷。棕色斑不清晰也视为失格。

三、英国可卡犬与美国可卡犬的鉴别方法

1.以 AKC 标准为判定依据进行比较

(1)外形差别 英国可卡犬身高:雄性为 40～43 cm;雌性为 38～40 cm。

美国可卡犬肩高:雄性为 38 cm;雌性为 36 cm。

两个犬种除了身高差别,给人的整体感觉也不同。英国可卡犬的体型显得相对简洁朴实,而美国可卡犬则显得相对夸张华丽。

(2)毛色差别 在 AKC 比赛标准里对犬的毛色进行了详细的说明,尤其是美国可卡犬对毛色的分类相对要严格些。比赛中,美国可卡犬和其他少数的几种犬还拥有一个特权,即在同

一个犬种中还要根据犬只的毛色差异再分成 3 个组别分别进行比赛。因此,在比赛中经常可以看到具有 BOV 头衔的 3 个不同毛色的美国可卡犬出现在同一组中,而英国可卡犬在比赛中则是独自上场。

2.简易鉴别方法

(1)看体型　英国可卡犬体型稍大但并不蠢笨,强健而不粗糙。美国可卡犬体型小但并不柔弱,外形华丽。

(2)看头部　英国可卡犬有着适度大小的椭圆形眼睛、适度平坦的颅部、适度的额段、适度狭长的吻部、适度丰满的上唇,中规中矩。美国可卡犬则有一双更圆更大的眼睛、更浑圆的头盖、更深的额段、短而厚实的方形吻部、覆盖下颌的上唇,十分俏皮。

(3)看鼻梁　鼻梁是美国可卡犬与英国可卡犬最明显的区别。英国可卡犬是直鼻梁,显得毛短、头大;美国可卡犬则是弯鼻梁。通过观察鼻梁即可进行大致区分。

(4)看被毛　英国可卡犬饰毛适中,可以更清晰地观察其身体结构,基本上是小衣襟短打扮。美国可卡犬身体上,尤其是腿部饰毛非常丰富,仿佛穿了肥大的丝绒毛裤。

(5)看尾部　美国可卡犬的尾根比英国可卡犬略微高一点。

四、美国可卡犬选购原则

1.体格要结实健壮,精神要饱满,双眼要明亮,色泽要深且端庄。

2.外貌要优美,颈下、腿部、腹下、尾部下面的被毛要长而丰满,柔润、亮泽且平滑。

3.对人的态度要友善可亲,能温顺地听从宠物主人的指挥,没有恶意或攻击行为。

4.头部要圆且匀称,嘴略呈方形,吻部宽阔。

5.眼睛要明亮、大而圆、炯炯有神,观看周边事物时眼睛转动灵活。

6.双耳要像叶片般长而低垂,披有长而丰盛带波纹的羽状毛。

7.躯干部要稳健坚挺、短而结实,脊背微呈水平。

8.头部的被毛应短,两侧及脊背部的毛要长度中等,胸部、耳朵、腿部饰毛长如丝状。

9.尽可能向卖方索取犬的谱系史资料以及卫生防疫检验证等证件。

【技能训练】

训练目标

1.掌握英国可卡犬和美国可卡犬的犬种标准。

2.能区分美国可卡犬与英国可卡犬外形特征。

3.能为美国可卡犬进行造型修剪。

材料准备

排梳、针梳、浴液、护毛素、吹风机、配刀头电剪(7 号、10 号、15 号、30 号或 40 号刀头)、直剪、牙剪、美国可卡犬。

步骤过程

1.任务准备

(1)梳理、洗澡、卫生清理(重点清理耳道)。

(2)剃脚底毛和腹底毛。

2.操作步骤

(1)电剪修剪

①修剪头部:用10号刀头,顺毛生长的方向修剪,从头顶最高点,即头顶1/2处向后剃至枕骨。头顶前段1/2处在眉毛留一小部分头花(图3-6-3)。英国可卡犬不留头花,要求将头部饰毛全部剃掉。

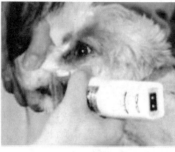

图3-6-3 修剪头部

②修剪面部:用10号刀头,逆毛从耳根剃到外眼角,从外眼角剃到上额末端,从额端剃到鼻尖(图3-6-4),边缘剃线要呈直线。

③修剪颈部:用10号刀头,从外耳根向下沿直线剃至胸骨上2指处,再逆毛剃至下颌末端。喉部要抬起下颚,逆毛剃至下巴(图3-6-5),颈部侧面的被毛应顺毛生长方向剃。

图3-6-4 修剪面部   图3-6-5 修剪颈部

④修剪耳部:用15号刀头,从耳根顺毛向耳尖方向剃至耳朵的1/3~1/2处(图3-6-6)。耳朵内侧和外侧要剃至相同的位置。

图3-6-6 修剪头部

⑤修剪身体:换7号刀头,从枕骨处顺毛生长方向剃至尾尖。枕骨侧面顺毛剃,前腿剃到

腕骨端,后腿剃到坐骨端,前胸剃至胸骨处(图3-6-7)。身体侧面顺毛生长方向沿躯体两侧向下剃。

图3-6-7　修剪身体

(2)直剪修剪　可卡犬电剪修剪部分的运剪方向和修剪界线如图3-6-8和图3-6-9所示,图中虚线以上部分为电剪修剪部分,虚线为假想线。

图3-6-8　美国可卡犬电剪运剪示意图　　　　图3-6-9　英国可卡犬电剪运剪示意图

①修剪前肢:把前肢的毛向下梳,修去超过脚垫的毛。在离桌面1～2 cm处修剪脚圈。沿桌面剪刀倾斜45°逐层剪出弧形,足圆、呈碗底状(图3-6-10)。

②修剪腹部:把腹毛向下梳理,从前腿肘后开始,向上修剪小斜线至腰部(图3-6-11)。

图3-6-10　修剪前肢　　　　　　　　　　图3-6-11　修剪腹部

③修剪后肢:把后肢的毛向下梳,后腿前方修剪斜线;修剪脚圈方法与前肢相同,呈碗底状(图3-6-12)。

（3）牙剪修剪

①修剪尾部：将尾部后方的毛发修剪伏贴，尾巴剪成圆柱状。

②修剪臀部：将坐骨位置的毛发打薄，顺毛向下剪。

③修剪前胸：将颈部与身体连接处多余的毛进行修剪，胸骨上2指处顺毛向下剪。

④修剪头部：头盖骨底端顺毛打薄，将头部毛向后梳理，从头顶向外耳根修剪弧线，再从一个外眼角向另一个外眼角修剪弧线（图3-6-13）。

⑤修剪耳部：将耳部饰毛向下梳理，将耳朵边缘饰毛修剪呈圆弧状，令毛发自然结合。

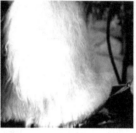

图 3-6-12　修剪后肢　　　　　　　　图 3-6-13　修剪头部

【技能评价标准】

优秀等级：在规定时间内完成以下内容：能熟练使用不同型号电剪对可卡犬不同区域进行修剪，能熟练使用手剪对整体造型进行修剪。

良好等级：在规定时间内完成以下内容：能使用不同型号电剪较好地完成对可卡犬不同区域的修剪，能使用手剪较好的对整体造型进行修剪。

及格等级：在规定时间内完成以下内容：能使用不同型号电剪对可卡犬不同区域进行修剪，能使用手剪对整体造型进行修剪。

任务 3-7　贝灵顿㹴犬美容技术

一、贝灵顿㹴犬的犬种标准

贝灵顿㹴犬起源于19世纪，原产于英国。最初的名称为罗丝贝林㹴犬，主要用途是用来猎取狐狸、野兔和獾等隐藏的猎物。18世纪末到19世纪初，由惠比特犬、丹迪丁蒙㹴等犬种交配繁衍而成，经培育改良成现今如此高大、美丽、快速敏捷的犬种，并保持原有的活力及耐力。贝灵顿㹴犬生性勇敢，不会因为野兽而逃避。在早期㹴犬打斗比赛中，贝灵顿㹴犬一定会拼命相斗。看似温柔可爱的外表下，是一个勇敢凶猛的小斗士，也是因为这种性格，在饲养时要注意从小训练它的服从性和教它学会和其他狗狗和平共处。最初沙色的高品质犬要比蓝色的多，不知什么原因，现今蓝色的优秀贝灵顿㹴犬远远多于沙色的。

雄性贝灵顿㹴犬肩高 41.0～43.0 cm；雌性贝灵顿㹴犬肩高 38.0～41.0 cm；雄性贝灵顿㹴犬体重 8.2～10.4 kg；雌性贝灵顿㹴犬体重 8.2～10.4 kg。

贝灵顿㹴的犬种标准

贝灵顿㹴犬头上长有大量的头鬃,几乎全是白色。头骨狭窄,但是纵深且圆。鼻孔大,轮廓清晰。蓝色和沙色犬一定要有黑色的鼻子,而肝色和淡黄棕色犬一定要有棕色的鼻子。口吻、眼部下方丰满,嘴唇紧闭。颌部长,逐渐变细。牙齿长,结实;剪状咬合,即上齿紧扣下齿,使下颌呈正方形。眼睛小、明亮且深陷。理想的眼睛应该呈三角形。蓝色毛发犬的眼睛为深色,蓝色和沙色毛发犬的眼睛较为明亮,带有琥珀色光,而肝色和淡黄棕色犬眼睛为淡褐色。耳朵尺寸适当,呈榛子形,位置较低,平平地挂在面颊两边。耳朵薄,覆盖了一层绒毛。耳朵尖被柔软的饰毛覆盖,形成丝绸般的流苏状。

颈部长,逐渐变细,无沙哑声,从肩部向上伸出,头能高高昂起。身躯肌肉发达而极其柔韧,身长略大于身高。

腰部以上自然上拱。腰部呈弧形,弯曲的背线恰恰在腰部上方。胸部深且相当宽。肋部较平,深度达到肘部。腹线弓形的腰使腹线有一定的折起。

前腿直,在胸部的间距比足爪间距离大一些。肩部扁平且倾斜。

骹骨长,略倾斜但不软弱。后躯肌肉发达,长度适中。后腿比前腿长一些。飞节结实,靠下,不向内翻或外翻。脚足爪为长兔足,足爪紧凑。

尾长适度,根部较粗,逐渐变细,优雅地卷曲着。位置低,不能举过后背。

步态运动:能够高速飞奔,行动非常有特点,在慢步行进中,步态显得有些慢条斯理而轻快;奔跑时略呈划桨姿势。

失格:任何与上述各点的背离均视为缺陷,任何身体或行为上明显表现失常之犬均为失格。

二、贝灵顿㹴犬修剪要求(图 3-7-1)

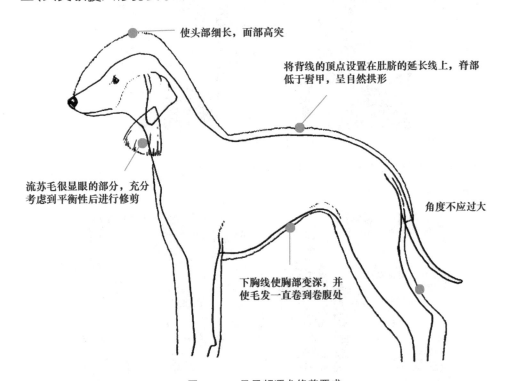

使头部细长,面部高突

将背线的顶点设置在肚脐的延长线上,脊部低于鬐甲,呈自然拱形

流苏毛很显眼的部分,充分考虑到平衡性后进行修剪

角度不应过大

下胸线使胸部变深,并使毛发一直卷到卷腹处

图 3-7-1 贝灵顿㹴犬修剪要求

【技能训练】

训练目标

1.了解贝灵顿㹴犬的犬种标准。

2.掌握贝灵顿㹴犬的修剪方法,能完成贝灵顿㹴犬的修剪。

材料准备

排梳、针梳、浴液、护毛素、吹风机、配刀头电剪(40号刀头)、直剪、贝灵顿㹴犬一只。

步骤过程

1.任务准备

(1)梳理、洗澡、卫生清理(重点清理耳道)。

(2)剃脚底毛和腹底毛。

2.贝灵顿㹴犬的美式修剪

贝灵顿㹴犬的美容方法主要有两种:一种是欧洲的修剪方法(欧装);另一种是美式剪法(美装),一般来说美式修剪比较大众。

贝灵顿㹴犬的修剪分为两部分:

(1)电剪修剪(所有剃除的部分,都需要40号刀头逆毛剃除)

①耳部修剪:耳朵逆毛剃,耳座至耳尖的上1/3处的地方剃干净,然后把耳部的轮廓完全用电剪剃出形状。在耳尖的地方,与下垂饰毛形成贝灵顿㹴犬的倒"V"字形耳铃,留一些长的毛发(图3-7-2)。耳朵的绒毛要以整个耳朵为参照按比例修剪,少部分两层皮肤重叠在一起,要小心入剪,尽量先剃一面,再剃另一面。内侧与外侧一样剃剪。

图3-7-2　修剪耳朵

②脸部修剪:从耳根到眼角,剃一条平行线,从眼角到嘴角剃一条斜线(图3-7-3)。下腭的毛往前剃,不露出嘴角为原则。

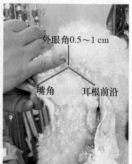

图3-7-3　修剪脸部

③脖颈部位剃"V"字领：从下耳根到喉结以下 2 cm 左右剃一条直线（图 3-7-4），"V"字领最低的地方也要根据犬的个体特征来进行调节。

图 3-7-4　脖颈部位剃"V"字领

④尾巴修剪：尾部内侧全部剃除干净，外侧剃除整体下 2/3（图 3-7-5）。

图 3-7-5　尾巴修剪

（2）直剪修剪

①尾根：把尾根的饰毛剪短，略带有些层次，让尾巴自然下垂时跟背线连接得十分自然顺畅就好，用剪刀修剪出尾根的位置，尾根至坐骨端修剪成 50°上下的弧形线条（图 3-7-6）。

图 3-7-6　修剪尾根

②后腿修剪：先用剪刀把脚的四周剪圆，再来修剪后腿，从坐骨垂直到膝窝，再自然的连接到飞节。膝窝链接点平分出来大腿骨与小腿骨，注意飞节上面的饰毛要短一些。飞节垂直修剪至足底，靠近足底部分收紧。后腿侧面不易留毛过厚，贝灵顿㹴犬的工作性质需要它有较窄

的身体。后腿前侧的修剪要注意的是腰窝与腿部的链接,腰窝是在末骨后 2 cm 的位置,腰窝向膝关节链接时,尽量平行与后躯,膝关节连接至细部,然后垂直至脚尖(图 3-7-7),后腿整体是上粗下细,显出轻盈的动态线条。

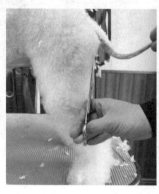

图 3-7-7　修剪后腿

③后躯修剪:先来修剪 2/3 的背线,使臀部和背部的线条能够流畅地连接坐骨端以下的毛,略微剪短(图 3-7-8),以表现后躯的角度,但是不用很夸张。修剪骨盆到膝关节再到后脚的毛发,先剪出 1/3 的下腹线,这样能使下腹线跟后腿有更好的衔接。肉身的最高点,毛可以尽量剪短。根据犬本身的曲线修剪从骨盆到膝盖的毛发(图 3-7-9),在膝盖处形成自然的弯曲角度。

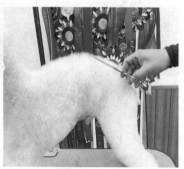

图 3-7-8　修剪背线　　　　　　　　　　　　　　图 3-7-9　修剪臀后侧

④修剪膝盖线及跗关节再到后脚的毛发,使膝盖线与后腿后侧跗关节所在的线条平行。修剪后腿外侧与后腿内侧的毛发也要保持平行(图 3-7-10)。

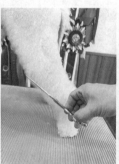

图 3-7-10　膝盖线与跗关节

⑤修剪下腹线：下腹线可以修剪得稍微夸张一些，来显示犬只良好的胸深（图3-7-11）。但也要配合背线的角度，从侧面看上去，背线和下腹线也是两条平行的线条最好。然后把侧面和下腹线的衔接剪圆润，但是角度同样不用很夸张。最后在腰部靠近肉身最高点的地方，修剪一个扇形的弧度。

⑥躯干修剪：身体两侧的毛发修剪得比较平，并没有太多的曲线，在每个部位面

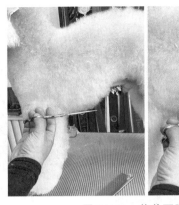

图 3-7-11　修剪下腹线

上的连贯性。身体上的毛发不要留太长，2.5 cm左右（图3-7-12），需体现贝灵顿㹴身体扁平的特点。从肩胛到上腿骨几乎是一个没有任何凹凸的平面。再来修剪背线的其他部分。贝灵顿㹴在腰部有明显的弓起，所以只要按照犬背部自然的曲线修剪就好，一定要表现出明显的弓起（图3-7-12）。再把背部和侧面的衔接处修剪自然就可以了。

图 3-7-12　修剪身体两侧

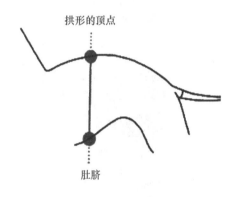

拱形的顶点

肚脐

图 3-7-13　背部示意图

⑦修剪头部：要使修剪过的头部从正面看上下一般宽，两头则是两个圆弧形，因此头盖就是整个头部最宽的地方。先用剪刀贴着脸颊把眼睛和耳根之间长出来的毛发都剪掉，这样就确定好了整个头部的宽度，再把这个宽度向前推。用剪刀把剃过区域周边的毛发剪短，使剃和修剪的区域看上去衔接自然，这样头部两侧的形状就出来了。在头盖的中心，是整个头部的最高点，由这里到鼻尖，从侧面看是一个弧形。超出鼻子的毛发，都要剪掉，并且修成弧形。把嘴唇边上的毛发剪齐，但不要露出唇线。下颚的毛发剪短，让下颚从侧面看跟整个头部融为一体。然后把两侧和头顶的衔接处剪成弧线（图3-7-14）。再从头顶往下修剪出脖子并且跟背部相连接。把眼睛前面的毛剪齐就可以。用剪刀把耳穗的毛稍剪成斜线，使整个耳穗形成一个菱形，再把菱形下面的尖剪掉，修整齐就好。

图 3-7-14　修剪头部

⑧前胸和前肢:剪刀贴着"V"字领剃过的区域,把长毛剪短,从"V"字领往下剪平(图 3-7-15),从侧面看也是一个平面。把前肢修剪成圆柱(图 3-7-16),然后可以把胸骨端以下的毛略微剪短,从而表现良好的胸深。

⑨修剪颈部:从耳根以后开始修剪颈部,颈部跟肩部都不需要夸张的曲线,只是剪短做自然衔接(图 3-7-17)。

贝灵顿狸犬的修剪结束后,整体造型从犬的上方往下看,从头到臀部是平的,几乎没有凹凸的地方(图 3-7-18)。

图 3-7-15　修剪前胸　　　　　　**图 3-7-16　修剪前肢**

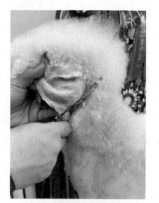

图 3-7-17　修剪颈部　　　　　　**图 3-7-18　贝灵顿狸犬整体造型**

【技能评价标准】

优秀等级：在规定时间内完成电剪操作流程，要求界限分明，留毛长度一致；在规定时间内完成直剪修剪，要求符合美式造型标准，体现贝灵顿㹴犬特点，线条流畅衔接顺畅，符合留毛长度要求，比例协调，平整度均匀。电剪和手剪操作手法熟练。

良好等级：在规定时间内完成电剪操作流程，要求界限较分明；在规定时间内完成直剪修剪，要求符合美式造型标准，体现贝灵顿㹴犬特点，符合留毛长度要求，比例协调，平整度较均匀。电剪和手剪操作手法较熟练。

及格等级：在规定时间内完成电剪操作流程；在规定时间内完成直剪修剪，要求符合美式造型标准，体现贝灵顿㹴犬特点。

任务 3-8　常见大型犬修剪造型

一、金毛犬的修剪造型

金毛犬美容的主要地方是身体、头部、颈部、耳朵、腿部、脚、尾巴等。在日常的护理时，要经常对犬的被毛进行刮毛或用青石打磨处理。为了让犬的毛发更顺滑、伏贴，洗浴时要选择正确的浴液，吹风的时候要顺毛吹干。

修剪身体时，金毛犬身体的背线标准是毛发平顺，要选择刮毛刀、青石和牙剪来修剪。把身体的被毛用刮毛刀刮顺平，如果有特殊的毛发，刮毛刀不能起到很好的作用，可以选择牙剪。身体毛发基本顺滑后，可以用青石打磨，这是日常工作的一部分。修剪头部时，主要是处理头顶、头与耳根的衔接处和修剪胡子。金毛犬的头部，从枕骨向额段方向通常会出现高突的一条线，或者头顶不平，这就需要处理头顶的饰毛。可选用刮毛刀或青石操作，尽量把头顶做得平坦些，一定要避免把毛刮得太秃或刮出坑。如果用青石能够把头顶打磨平坦，就不要用刮毛刀，因为刮毛刀刮下的毛太多，有时掌握不好尺度会使头顶更加不平整。让耳朵自然下垂，从耳孔向下到颈部用牙剪修薄，位置不超过嘴角的延长线（头部水平时），之后与颈部侧面的毛衔接好。修剪耳朵的时候，首先要处理耳朵的内侧，没有修剪过的耳朵内外都会有大量的饰毛，给人感觉耳朵鼓鼓的，还很杂乱。内、外侧处理的方法基本一致，一般先用刮毛刀把内侧刮薄，并需要把长毛割断，再刮外侧的毛，注意要刮得自然平顺，再用牙剪修剪耳朵的边缘，耳朵修剪得形状像心形。耳朵向前拉扯，长度应以刚刚盖上眼睛为宜，不能太大太长。金毛犬的耳朵很厚，修剪边缘时，要注意内外边缘的收圆。前肢的修剪要用牙剪完成，前肢的后侧会有很多饰毛，需要打薄些，不然显得前肢太重。前侧修剪一般是弥补前肢不直，前肢前侧的饰毛很少很薄，在修剪时要注意不要修得过多过薄。金毛犬的脚要修剪成猫足状。先用钢丝梳逆毛梳，把毛打蓬后，用牙剪修剪，从肉垫向足的上方做饱满的、向前突的圆，做好后剪刀立起，把指缝隐约地做出。用牙剪将尾巴修剪成菜刀形，长度不超过飞节，金毛犬的尾根尽量是与背线平行在一条直线上。尾根上部用刮毛刀和牙剪修剪平顺。左右和下部约 2 cm 处修剪短些，修剪完后要与菜刀形的饰毛自然衔接，修剪尾巴，尾尖处不要修得太长，也不要太短，尽量在飞节处，并要注意不要剪得太秃。修剪臀部时，从下尾根和尾根的侧面向下，用牙剪修剪顺平即可。后肢飞节下用钢丝梳逆毛梳起，修剪成直线，从侧面看是直线，从后面看是个饱满的圆柱。最后，整体要用刮毛刀修剪得各部位自然衔接。

二、大白熊犬的修剪造型

大白熊犬的内层毛发丰盈,纹理细腻,通体雪白。毛发如贴身棉袄,使大白熊犬能抵御恶劣的天气。外层毛厚密平实,毛垂直或稍有波浪。

修剪大白熊犬的头部主要是刮平,去掉硬毛茬儿,把每一根硬毛都要从根部剪下。有趣的是,大白熊犬同海豹一样,硬毛可前后移动,只要将大拇指伸到它嘴唇内侧就可以感觉到。把耳朵上部细微绒毛刮薄一些,更能突出头部轮廓,梳理、修剪、再梳理,直到整个耳朵平整光滑为止。切忌用剪刀生硬地剪短。所有这些操作都会使位置过高的耳朵看上去低缓一些。前额毛发连同眉毛在内均需刮薄,并形成一个自然柔和的坡度。修剪背部时,如果想使犬的背部看上去短小一些,尾巴基部的绒毛就需削薄。对于参展犬而言,臀部的毛发不能直立,所以可以在犬臀部压一块厚毛巾,上场前再拿掉,就可以使这部分被毛伏贴一些。反向梳理背部毛,可使大白熊犬看上去更高、更加挺拔,最后再梳通周身毛发。臀部的毛也要削薄,使其体线平和柔顺。先梳通臀部被毛,掀开外层较长的毛,用薄片剪刀处理,一次处理一小络。尾巴上的毛要梳通,沿尾骨小心梳理,尾巴上下两侧都要整理。上面修理完毕,把尾巴翻过来处理下面,这样,多毛的尾巴才显得匀称。注意在修剪的过程中,要一边检查整体效果一边修剪。

三、英国古代牧羊犬的修剪造型

英国古代牧羊犬有丰盛的毛发,内层毛很容易粘连,易形成毛球,要时常梳理,定期做专业性的美容。六七月龄以下的幼犬常刷被毛即可;7月龄至1岁的幼犬有些部位会积聚粘发、毛球,需要梳通,每日需进行必要的检查;2~3岁的成年犬,可以每周进行1次彻底的美容。

英国古代牧羊犬头顶的被毛被散下来会像拉萨犬那样遮盖眼睛。脚部修剪出平整、圆滑的边缘。臀部用剪刀或薄片剪毛刀刮出圆润的线条,但要注意,要走到远处看看效果,不要急于下手。修剪脚垫之间和后脚跟的毛发,以免显得脚部张开过大,不能形成整洁圆润的四肢。腿部应是笔直的圆柱,要对影响线条流畅的被毛进行修理。对于那些被毛过于丰厚的犬,若肩部毛发直落下来让脖子显得太短、肩膀太胖时,肩部的长毛也要适当修剪。赛级美容时,应少用直剪,可用扫薄剪将飞节以下的毛发修薄,从长毛的根部开始往上修,从而修短毛发,让上部的毛发看起来更长,轮廓更鲜明。

四、寻血猎犬的修剪造型

用钝头剪刀或10号电剪剃除胡须。如果尖顶不美观,用牙剪仔细修剪头顶。一定要确保耳后干净。在修剪腹部时,要突出其很高的肋骨,因此,一般不修剪腹部的毛发。但如果腹部的毛发较长且蓬乱,应修整齐。尾部一般将杂乱的飞毛修剪掉即可。

五、苏格兰牧羊犬的修剪造型

苏格兰牧羊犬是一种柔韧、结实、积极、活泼的品种,不需要过多修剪。自然站立时,被毛整齐而稳固,外层被毛直、触觉粗硬,底毛柔软、浓厚、紧贴身体,以致分开毛发都很难看见皮肤。

苏格兰牧羊犬每天都要用鬃梳顺毛方向梳理被毛,从脚开始一层一层地向上梳理。梳理胸口的毛直到下巴、身体两侧和背部。在修剪时,一般先修剪屁股上的毛,特别是肛门周围的长毛要纵向修剪一点。背部的被毛梳理通顺后,只修剪飞毛即可,如果屁股的毛过于丰厚,看起来不协调,还需要打薄一些。注意一定要纵向修剪。四肢只修飞毛,使被毛平顺。耳朵里面的杂毛要修剪,如果有影响,眼睛的毛也要处理掉。对于参加比赛的犬,耳朵后面杂乱的毛也要修剪。

六、哈士奇的修剪造型

哈士奇属于典型的双层毛发品种。下层毛柔软、浓密,长度足以支撑外层被毛。外层的被毛平直、光滑伏贴、不粗糙、不能直立。应该指出的是,换毛期没有下层被毛是正常的。

宠物级的哈士奇在修剪时可以修剪胡须、脚趾间以及脚周围的毛,以使外表看起来更整洁。其他部位的毛是不必修剪的。

哈士奇进行赛场美容时,首先用深层清洁浴液将脚上或是身上弄脏的部分清洁一下。先挤出几团高保湿摩丝,抹在被毛上,一边吹风一边梳理。将毛发增量膏取出一些(大概用手指挖 2~3 次够一只成年哈士奇使用)置于喷雾器内,用水稀释后喷洒于全身,一直喷到毛发都充分湿润,然后一边梳理一边吹干。用一块小毛巾,取少量犬用遮瑕膏,抹在四个脚上的白毛部位、肘部的磨损处和其他有瑕疵的部位,轻轻擦一下,让避瑕膏均匀覆盖。注意要用毛巾来涂抹,而不用手指。用手指取少量造型粉底双效膏(造型剂),双手均匀搓揉后抹在四肢上,作为粉底膏,便于后续打粉时可以牢牢粘住粉,不会让打上去的粉四散。添光粉末是一款含有闪光粒子的粉,与普通粉不同。用粉刷将添光粉打在四肢抹过造型剂的部分,以及尾巴下和身体上的白色部分,甚至可以用手抓一点添光粉,在身上微微撒一下,会让整体看起来都熠熠生辉,非常闪亮。打粉后,用吹风机吹去多余的粉末。犬用定型摩丝可以用来将某些犬背上不平的毛发定型,塑造完美清晰的背线,还可以将脸庞两边的毛发往前梳理固定,塑造可爱的大脸效果。另外,喷除臭香粉可以博得裁判的好感。全部造型完成后,全身喷适量的速效亮毛喷剂进行定妆,会让犬的被毛迅速发光,尤其在灯光或阳光下,显得非常漂亮。

七、萨摩犬的修剪造型

萨摩犬的被毛为双层被毛。下层毛短、柔软,似羊毛,覆盖全身。上层毛较粗、较长,垂直于身体生长,但不卷曲。颈部和肩部的被毛形成领状(公犬比母犬多)。萨摩犬的被毛质量比数量更重要,理想的被毛要直立、有光泽、能抵御严寒。母犬的被毛比公犬略短,更柔软。

针对萨摩犬的被毛特点,在梳毛时一定要把被毛全部梳通,根据犬的大小选择合适的梳子。如果有排梳不能梳开的结,用手把结仔细整理开。在梳理时,左手按住被毛,右手持梳子轻梳被毛。梳的方向不是从左往右,而是往右上方用力,并且有往上挑的动作。柄梳的针尖最好触及皮肤,这样既梳得透,又起到按摩皮肤的作用(注意:针尖不能尖锐)。萨摩犬的被毛有时候会有卷曲,尤其是臀部,如果卷曲严重就必须用刮毛刀把它刮直。修剪时,主要是修眼睛、耳朵、嘴唇、肛门和生殖器周围及脚底的纤细毛发。身体其他部位的被毛不可过多修剪,只修剪过长的飞毛即可。使用剪刀要特别小心,不要将萨摩犬的胡须剪掉,修剪时可以搭配梳子。每次给萨摩犬梳理完毕,要将梳子和刷子上的油脂及多余的毛擦干净。

八、长须柯利牧羊犬的修剪造型

长须柯利牧羊犬的被毛分两层,内层柔软、浓密;外层平整、粗糙、刚硬、蓬松,游离于绒毛中,可以有点波状。被毛自然向身体两边分开。被毛的长度和密度不但可以起到保护作用,在保持体形方面也起着重要作用。在头部、鼻梁有稀少的毛覆盖,且毛比较长,可盖住两侧的嘴唇。从颊部、下唇、下颚处的毛,长度增加,一直延伸到胸部,形成典型的胡须。在犬种审查中,过长、过于光滑的被毛或经过任何方式的修剪都会视为缺点。

通常情况下,长须柯利牧羊犬只是出于卫生目的进行适当的修剪。因此,脚部的毛发需要修剪。多数宠物主人喜欢把犬的脚部修剪成圆形,把刘海修成冠毛装饰。修剪刘海时,用梳子将刘海向前梳,顺着两眼的外眼角线剪,剪完之后再依次剪剩余的刘海,直到获得满意的结果。身体其他部位可以使用牙剪打薄,在打薄时,拉起一簇毛发顺毛进行打薄。腿部的修剪是沿着腿部的边缘,一般只修剪飞毛即可,不可过度修剪。头部的修剪一般只要按照头部的形状将头部的毛发适当剪短即可。如果毛发打结很严重,在无法进行人工开结的情况下,可用电剪进行处理。

九、阿富汗猎犬的修剪造型

阿富汗猎犬的后躯、腰窝、肋部、前躯和腿部都覆盖着浓密、丝状的毛发,质地细腻;耳朵、四个足爪都有羽状饰毛。从前面的肩部开始,向后面延伸为马鞍形区域(包括腰窝和肋骨以上部位)的毛发略短且紧密,构成了成熟犬的平滑后背,这是阿富汗猎犬的传统特征。在头顶上有长且呈丝状的"头发",有些犬腕部的毛发较短。

阿富汗猎犬在修剪后要使其外形看起来非常自然,不应该有明显修剪过的感觉。首先要用剪刀或电剪修剪脚掌上的毛发,接下来梳理背部和四肢的毛发,尤其是要保证脸部毛发顺滑,用梳子将脱落的毛发梳掉,再用牙剪进行打薄修剪。如果有必要,可将犬的脚部修剪成圆形。但是阿富汗猎犬的被毛特点使修剪后极易留下修剪痕迹。因此,在修剪被毛时,要沿着毛发生长的方向向下逐步修剪,逐步勾勒出阿富汗猎犬的外形轮廓。用直剪将毛发剪短之后,可以再用牙剪修剪一遍,处理掉修剪的痕迹,让毛发看起来更自然。

【项目总结】

任务名称	知识点	重点技能
贵宾犬美容技术	贵宾犬的犬种标准 贵宾犬拉姆装修剪流程 贵宾犬泰迪装修剪流程	贵宾犬拉姆装修剪技术
比熊犬美容技术	比熊犬的犬种标准 比熊犬修剪流程	比熊犬修剪技术
博美犬美容技术	博美犬的犬种标准 博美犬传统修剪流程 博美犬俊介装修剪流程	博美犬传统修剪技术
北京犬美容技术	北京犬的犬种标准 北京犬传统修剪流程 北京犬狮子装修剪流程	北京犬传统修剪技术
雪纳瑞㹴犬美容技术	雪纳瑞㹴犬的犬种标准 雪纳瑞㹴犬修剪流程 雪纳瑞㹴犬拔毛流程	雪纳瑞㹴犬修剪技术
可卡犬美容技术	可卡犬的犬种标准 美国可卡犬修剪流程	美国可卡犬修剪技术
贝灵顿㹴犬美容技术	贝灵顿㹴犬的犬种标准 贝灵顿㹴犬修剪流程	贝灵顿㹴犬修剪技术

【职业能力测试】

一、单选题

1. 下列( )是可以修剪成最多造型的犬只。

    A. 贵宾犬   B. 北京犬   C. 博美犬   D. 西施犬

2. 宠物剪短型时,不建议使用( )的电剪头剃除身体毛发。

    A. 5 mm   B. 0.1 mm   C. 8 mm   D. 3 mm

3. 修剪毛发时如使用电剪,应与身体呈( )为佳。

    A. 90°   B. 45°   C. 30°   D. 平行

4. 贵宾犬需要剃除脸部毛发时,下列叙述错误的是( )。

    A. 眼尾到耳根部前方   B. 颈部的线条呈"U"形或"V"形

    C. 颈部的线条最低点到前胸骨   D. 逆理(剃)

5. 对于宠物造型的修剪,下列( )一项不需考虑。

    A. 平衡   B. 对称   C. 标新立异   D. 比例

6. 比熊犬修剪完成后头部线条应呈现接近( )。

    A. 圆形   B. 三角形   C. 长方形   D. 正方形

7. 下列对可卡犬传统造型修剪的叙述,错误的是( )。

    A. 头不剃耳朵要剃   B. 脚修剪成碗状

    C. 耳朵剃 1/3～1/2   D. 背用电剪剃

8. 下列对比熊犬修剪的叙述,错误的是( )。

    A. 背要直   B. 膝盖部毛最长

    C. 脚呈圆柱状   D. 两眼与鼻子呈正三角形

9. 下列不是贵宾犬美容后肢角度三重点的是( )。

    A. 尾球   B. 坐骨端   C. 膝关节   D. 飞节

10. 下列犬种中的被毛质地为羊毛状被毛,卷曲,容易站立的是( )。

    A. 西施犬   B. 北京犬   C. 比熊犬   D. 松狮犬

11. 要确定刀头号是否合适,先在犬的( )剪一下试试。

    A. 背部   B. 前肢   C. 腹部   D. 臀部

12. 直剪的运剪口诀为( )。

    A. 由下至上、由左至右;静刃在前、动刃在后

    B. 由下至上、由右至左;动刃在前、静刃在后

    C. 由上至下、由右至左;静刃在前、动刃在后

    D. 由上至下、由左至右;动刃在前、静刃在后

13. 博美犬原产于哪个国家?( )

    A. 美国   B. 德国   C. 中国   D. 英国

14. 贵宾犬身高与体长的比例是( )。

    A. 1∶1   B. 1∶2   C. 2∶3   D. 3∶5

15. 贵宾犬颈部的"V"字形修剪用( )。

    A. 7 号刀头   B. 10 号刀头   C. 15 号刀头顺毛   D. 15 号刀头逆毛

16.雪纳瑞梗犬脸部的修剪用(　　　)。

  A.7 号刀头顺毛　　　　　　　　　　　B.10 号刀头逆毛

  C.10 号刀头顺毛　　　　　　　　　　　D.15 号刀头顺毛

17.北京犬起源于哪个国家?(　　　)

  A.日本　　　　　　B.中国　　　　　　C.美国　　　　　　D.英国

18.下列哪一种犬产自中国?(　　　)

  A.雪纳瑞梗犬　　　B.冠毛犬　　　　　C.可卡犬　　　　　D.贵宾犬

19.贵宾犬的脚要(　　　)修剪。

  A.顺毛　　　　　　B.逆毛　　　　　　C.反复　　　　　　D.无要求

20.迷你型贵宾犬的身高为(　　　)。

  A.小于 38 cm　　　B.小于 25 cm　　　C.25~38 cm　　　D.20~40 cm

21.下列哪一种犬不是剪状咬合?(　　　)

  A.贵宾犬　　　　　B.博美犬　　　　　C.比熊犬　　　　　D.北京犬

22.(　　　)的头部修剪侧观要呈长方形。

  A.雪纳瑞梗犬　　　B.卷毛比熊犬　　　C.西高地犬　　　　D.北京犬

23.比熊犬进行修剪造型时,主要体现在一个字上,这个字是"(　　　)"。

  A.方　　　　　　　B.长　　　　　　　C.圆　　　　　　　D.扁

24.(　　　)是梗类犬中唯一不含英国血统的品种。

  A.雪纳瑞梗犬　　　B.贝灵顿梗犬　　　C.西高地犬　　　　D.约克夏梗犬

25.哈士奇犬原产于(　　　)。

  A.阿拉斯加　　　　B.东非　　　　　　C.西伯利亚　　　　D.阿尔卑斯山

26.(　　　)是单层被毛。

  A.西施犬　　　　　B.博美犬　　　　　C.约克夏梗犬　　　D.北京犬

27.下列有关雪纳瑞梗犬品种标准说法错误的是(　　　)。

  A.雪纳瑞梗犬按体型通常是分为三类,迷你型雪纳瑞梗犬、标准型雪纳瑞梗犬、巨型雪纳瑞
梗犬

  B.雪纳瑞梗犬属于刚毛长腿梗犬。它的表面被毛是双层毛,外层毛紧密、粗硬,呈金属丝
状,尽可能浓密;底毛柔软而紧密,质地优良

  C.如果是参赛犬,在赛前 3 个月左右需要进行拔毛

  D.雪纳瑞梗犬整个头部的长度大约为后背长度的 1/3,耳朵呈"U"形

28.比熊犬颈部长度约为躯体长度的(　　　)。

  A.1/2　　　　　　　B.1/3　　　　　　　C.1/4　　　　　　　D.2/5

29.北京犬臀部修剪的形状为(　　　)。

  A.梨状　　　　　　B.苹果状　　　　　C.鸡腿状　　　　　D.球状

30.比熊犬成熟个体身上白色以外的颜色超过被毛总数的(　　　),就属于缺陷。

  A.10%　　　　　　B.20%　　　　　　C.25%　　　　　　D.15%

31.下列有关贵宾犬体型标准叙述错误的是(　　　)。

  A.从胸骨到坐骨端的长度约等于从肩胛骨最高点到地面的高度,身体呈方形

  B.体型分为巨型、标准型、玩赏型

C.肩胛骨向后伸展,长度约等于腕的长度

D.胫骨和腓骨的长度几乎相等

32.西施犬原产于(　　)。

　　A.美国　　　　　　B.中国　　　　　　C.法国　　　　　　D.英国

33.以下哪种犬在修剪后会出现四个"V"字?(　　)

　　A.可卡犬　　　　　B.雪纳瑞狸犬　　　C.博美犬　　　　　D.贵宾犬

34.不满12月龄的贵宾犬在参赛时应修剪(　　)。

　　A.英国马鞍式　　　B.幼犬式　　　　　C.欧洲大陆式　　　D.以上三种均不符

35.美国可卡犬的头花位置是头盖骨的(　　)。

　　A.1/2　　　　　　B.1/3　　　　　　C.1/4　　　　　　D.1/5

36.贵宾犬被称为是哪个国家的"国犬"?(　　)。

　　A.美国　　　　　　B.中国　　　　　　C.法国　　　　　　D.英国

37.雪纳瑞狸犬的被毛颜色为黑色混合了白色毛发,称为(　　)。

　　A.灰色　　　　　　B.椒盐色　　　　　C.黑白相间　　　　D.纯黑色

38.雪纳瑞狸犬原产于(　　)。

　　A.中国　　　　　　B.德国　　　　　　C.法国　　　　　　D.美国

39.下列犬的造型修剪中,需要剃脚的犬种是(　　)。

　　A.贵宾犬　　　　　B.比熊犬　　　　　C.西施犬　　　　　D.北京犬

40.英国可卡犬在比赛中,鼻镜以(　　)颜色为理想。

　　A.黑色　　　　　　B.褐色　　　　　　C.粉色　　　　　　D.肉色

41.比熊犬体长比体高大,约多出(　　)。

　　A.1/2　　　　　　B.1/3　　　　　　C.1/4　　　　　　D.1/5

42.下面哪种不属于狸类犬?(　　)

　　A.雪纳瑞狸犬　　　B.可卡犬　　　　　C.西高地犬　　　　D.猎狐狸

43.下列关于贵宾犬的描述中,不正确的是(　　)。

　　A.贵宾犬依体型大小可分为标准型、迷你型、玩具型三种

　　B.最早的贵宾犬均为标准型

　　C.贵宾犬是一种相当杰出的狩猎犬,擅长游泳,亦能作为护卫犬和牧羊犬

　　D.泰迪贵宾是贵宾犬新培育的一个品种

44.下列(　　)洗完澡后适宜放在烘干箱中烘干被毛。

　　A.巴哥犬　　　　　B.西施犬　　　　　C.贵宾犬　　　　　D.比熊犬

45.下列哪种梳子用于犬的被毛区域分割(　　)?

　　A.钢丝刷　　　　　B.分界梳　　　　　C.软针梳　　　　　D.美容师梳

二、多选题

1.下列犬中,体长大于体高的犬种有(　　)。

　　A.博美犬　　　　　B.西施犬　　　　　C.贵宾犬　　　　　D.金毛巡回猎犬

2.北京犬耳朵的特点是(　　)。

　　A.呈心形　　　　　B.下垂　　　　　　C.饰毛丰富　　　　D.耳位较高

3.下列关于约克夏㹴犬美容的说法中正确的是(　　　)。

　　A.约克夏㹴犬需要拔耳毛

　　B.美容吹风时要顺毛吹

　　C.为增加毛色光亮,可用润毛油

　　D.平时可对约克夏㹴犬进行包毛

三、判断题

(　　)1.耳型的设计非常简单,也没有原则,觉得怎么美观怎么剪。

(　　)2.贵宾犬分为迷你、巨型和标准型三种类型。

(　　)3.比熊犬足部的修剪应将脚趾上面的毛全部剪掉,露出脚趾。

(　　)4.博美犬修剪时为了保持良好的体形和整齐,应以梳子将毛梳起,然后再修剪。

(　　)5.贵宾犬的尾球中心离尾根越近越好。

(　　)6.贵宾犬的脚要顺毛修剪。

(　　)7.贵宾犬修剪颈部时要从耳根修剪到喉结部位。

(　　)8.参赛的雪纳瑞㹴犬可以用电剪进行修剪。

(　　)9.雪纳瑞㹴犬分为迷你型、巨型和标准型三种类型。

(　　)10.宠物修剪用剪刀可以用于修剪头发或纸张。

项目四

宠物犬特殊美容护理

【项目描述】

本项目属于美容辅助项目,内容包括宠物犬染色技术、宠物犬包毛技术、宠物犬形象设计与服装搭配技巧、宠物犬立耳术、宠物犬断尾术。通过本项目的训练,学生可以学会宠物犬染色技术、宠物犬包毛技术、宠物犬服装制作技术、宠物犬立耳术和宠物犬断尾术等技能,进一步达到美化宠物的目的,为将来成为一名合格的宠物美容师做好准备。

【学习目标】

1.掌握宠物犬染色技术的原理及染色要领,能为宠物犬进行毛发染色造型。

2.掌握宠物犬包毛方法,能为宠物犬进行包毛达到保护毛发和美化宠物的目的。

3.掌握宠物犬服装设计技巧,能为宠物犬进行形象设计及制作服装。

4.掌握宠物犬立耳术的方法,能为宠物犬实施立耳术。

5.掌握宠物犬断尾方法,能做好宠物犬断尾工作。

【案例导入】

如何为宠物犬做染色造型

一天下午,宠物美容院来了一位女士,拿着一张犬染色造型的照片,要求美容师为自己的爱犬做染色造型,说要带爱犬参加聚会,要求给犬做美容。如何根据犬的毛色和毛发特点设计让顾客满意的染色造型呢?

分析提示:

1.根据设计图案对毛发进行分区。

2.准备好染色所需工具。

3.分区域对毛发进行染色,做好隔离。

4.冲洗吹干后对局部毛发进行再次修剪造型。

任务 4-1　宠物犬的染色技术

一、染色用品简介

1.染色膏

宠物用的染色膏一般是几种不同颜色的染色膏组成一套,刺激性很小。高质量的染色性能和显色性能让染色膏显现出丰富的色彩,通过各种不同颜色染色膏的混合可调配出其他颜色,使宠物被毛更加光亮,不容易起球。如贝特爱思系列染色膏,包含了七种鲜艳的基色染色和四种媒介调和膏(图 4-1-1),通过改变基色染色膏和媒介调和膏的配比,调出各种颜色,能满足宠物主人喜好和美容师对不同造型的染色需求。

调色膏

清除膏

染色膏

图 4-1-1　贝特爱思系列染色膏

2.媒介调和膏

媒介调和膏有媒介透明色膏、媒介灰色膏、媒介黑灰色膏和媒介黑色膏四种类型。其中媒介透明色膏主要是通过与其他颜色染色膏的混合改变染色膏的明度,使其发生不同的变化。媒介灰色膏、媒介黑灰色膏、媒介黑色膏三种媒介调和膏主要是通过与其他颜色染色膏的混合改变染色膏的色彩明暗度,使色彩发生变化。

3.染色颜色对比卡

有些染色膏会配有颜色对比卡,卡片上罗列出各种不同基色染色和媒介调和膏按照不同浓度梯度配比形成的一系列颜色。方便美容师观察各种不同颜色的染色膏在混合后呈现的颜色,将可能出现的色差情况事先告知宠物主人,避免因染色后出现的色差而引起纠纷。

4.去除液

在染色过程中,由于不小心或误操作会出现将染色膏染到不染色区域的情况,从而影响到染色的效果,可以使用去除液将误染色区域的染色膏清除,尽可能保证染色的效果。

5.防护膏

在染色前将染色区域和不染色区域的边界用防护膏涂抹,可以防止在染色过程中将染色膏染到不染色的区域。如果在染色过程中不小心将染色膏染在不染色的区域,有防护膏的保护,不染色的区域也不容易着色,在染色后进行清洗时染色膏也极易洗掉,可有效保护被毛。

6.染色工具

(1)染色刷　专业的染色刷既能在染色的过程中刷拭上色,又能利用其梳齿的一面在为宠物染色的过程中不断地梳理,保证染色区域的每一根被毛都着色,并且染色均匀。另外,染色刷手柄部位圆钝的一端可以用来分界,将宠物要进行染色区域和不染色的区域分开,保证染色时不互相污染。

(2)染色碗　染色碗是在染色的过程中用来盛装和混合染色膏的工具,为了节约染色膏,最好每种染色膏固定一个染色碗(图 4-1-2)。

图 4-1-2　染色工具组合

7.宠物染色造型图

宠物染色造型图是将宠物染色造型后的图片展示出来,为顾客提供此宠物染色后的效果图,方便顾客根据宠物染色造型图进行选择或能根据宠物染色造型图来描述自己的要求和想法。

8.快染彩盒

快染彩盒是一种暂时性染色粉(图 4-1-3),色彩明亮生动、充满活力,不会对宠物的毛发造成任何的损害;亲和力强,能很好地贴附在宠物的毛发上。无论是深色毛发还是浅色毛发都可以使用,一次性水洗即可去除。

9.其他用品

(1)锡纸　在染色过程中,涂抹完染色膏后,将染色部位用锡纸进行包裹,可以减少被毛营养和水分等的流失。在用吹风机吹风时,用锡纸包裹可以更快地使染色膏附着在被毛上,并确保被毛不会被烤焦。

图 4-1-3　快染彩盒

(2)保鲜膜或塑料袋　如果没有锡纸,还可将染色后的部位用保鲜膜或塑料袋包裹,尤其是四肢等不方便用锡纸包裹的部位。同时,利用保鲜膜或塑料袋将染色区域和不染色区域分隔开,可防止染色和不染色区域的被毛间互染。

(3)一次性塑料手套　因为宠物染色膏的着色能力强,不容易脱落,如果粘在手上,不容易洗掉,因此为了防止手上沾上染色膏,在染色操作过程中要戴上手套。为了安全和卫生,一般都使用一次性塑料手套。

(4)宠物专用橡皮筋或发夹　在为宠物染色,并将染色部位包裹完毕后,为了防止锡纸、保鲜膜或塑料袋脱落,要用宠物专用橡皮筋或发夹扎好固定,注意要扎得松紧适当,不能扎得太紧,也不能扎得太松。

二、几种染色造型图片

常见的宠物染色造型及创意染色造型欣赏(图 4-1-4)。

图 4-1-4　宠物染色造型

三、色彩搭配常识

色彩搭配分为两大类：一类是对比色搭配；另一类则是协调色搭配。其中对比色搭配分为强烈色配合和补色配合；协调色搭配又可以分为同色系搭配和近似色搭配。

（1）强烈色配合　指两个相隔较远的颜色配合，如黄色与紫色、红色与青绿色，这种配色比较强烈。日常生活中，常看到的是黑、白、灰与其他颜色的搭配。黑、白、灰为无色系，所以，无论与哪种颜色搭配，都不会出现大的问题。一般来说，同一种色如果与白色搭配时，会显得明亮；与黑色搭配时，就显得昏暗。

因此，在进行色彩搭配时应先衡量一下需要突出哪个部分，不要把沉着色彩搭配在一起。例如，深褐色、深紫色与黑色搭配，会和黑色呈现"抢色"的效果，而且整体表现也会显得沉重、昏暗。黑色与黄色是最抢眼的搭配，红色与黑色的搭配则显得非常隆重。

（2）补色配合　指两个相对颜色的配合，如红色与绿色、青色与橙色、黑色与白色等。补色相配能形成鲜明的对比，有时会收到较好的效果，黑白搭配是永远的经典。

（3）同色系搭配　指深浅、明暗不同的两种同色系颜色相配，例如青色配天蓝色、墨绿色配浅绿色、咖啡色配米色、深红色配浅红色等。其中，粉红色系的搭配，让宠物看上去可爱很多。

（4）近似色搭配　指两个比较接近的颜色相配，如红色与橙红色、紫红色，黄色与草绿色、橙黄色。绿色和嫩黄色的搭配给人一种清爽的感觉，整体显得非常素雅。纯度低的颜色更容易与其他颜色相互协调，增加和谐亲切之感。

四、色彩搭配的配色原则

（1）色调配色　指具有某种相同性质（冷暖调、明度、艳度）的色彩搭配在一起，色相越全越好，最少也要三种色相以上，例如同等明度的红色、黄色、蓝色搭配在一起。彩虹就是很好的色调配色。

（2）近似配色　指选择相邻或相近的色相进行搭配。这种配色因为含有三原色中某一共同的颜色，所以很协调，因为色相接近，所以也比较稳定。如果是单色相的浓淡搭配则称为同色系配色。出彩搭配如紫色配绿色、紫色配橙色、绿色配橙色。

（3）渐进配色　指按色相、明度、艳度三要素之一的程度高低依次排列颜色。特点是即使色调沉稳，也很醒目，尤其是色相和明度的渐进配色，既是色调配色，也属于渐进配色。

（4）对比配色　指用色相、明度或艳度的反差进行搭配，有鲜明的强弱对比。其中明度的对比给人明快清晰的印象，可以说，只要有明度上的对比，配色就不会太失败，如红色配绿色、黄色配紫色、蓝色配橙色。

（5）单重点配色　指搭配在一起的两种不同颜色在所占面积上形成较大反差。"万绿丛中一点红"就是一种单重点配色。其实，单重点配色也是一种对比，相当于一种颜色作底色，另一种颜色作图形。

（6）分隔式配色　如果两种颜色比较接近，看上去互不分明，可以靠对比色加在这两种颜色之间增加强度，整体效果就会很协调。最简单的加入色是无色系的颜色以及米色等中性色。

（7）夜配色　严格来讲，这不算是真正的配色技巧，但很实用。高明度或鲜亮的冷色与低明度的暖色配在一起，称为夜配色或影配色。特点是神秘、遥远，充满异国情调、民族风情，如翡翠松石绿色配黑棕色。

五、色彩搭配的规律

色彩搭配既是一项技术性工作，同时又是一项艺术性很强的工作。因此，设计者在设计时除了考虑宠物本身的特点外，还要遵循一定的规律。

（1）特色鲜明　宠物染色的用色必须要有自己独特的风格，这样才能显得个性鲜明，给人留下深刻印象。

（2）搭配合理　颜色搭配要在遵从艺术规律的同时，还要考虑宠物的性别、年龄等特点，色彩搭配一定要合理，给人一种和谐、愉快的感觉，避免采用纯度很高的单一色彩，这样容易造成视觉疲劳。

（3）讲究艺术性　宠物形象设计也是一种艺术活动，因此，必须遵循艺术规律，在考虑到宠物本身特点的同时大胆进行艺术创新，设计出既符合宠物主人的要求又有一定艺术特色的宠物形象。

六、色彩搭配要注意的问题

（1）使用单色　尽管在设计上要避免采用单一色彩，以免产生单调的感觉，但通过调整色彩的明暗变化可以使颜色产生变化，使整体色彩避免单调。

（2）使用邻近色　所谓邻近色，就是在色带上相邻近的颜色，例如绿色和蓝色、红色和黄色就互为邻近色。采用邻近色设计可以避免色彩杂乱。

（3）使用对比色　对比色可以突出重点，产生强烈的视觉效果。通过合理使用对比色能够使宠物特色鲜明。在设计时一般以一种颜色为主色调，对比色作为点缀，可以起到画龙点睛的作用。

（4）黑色的使用　黑色是一种特殊的颜色，如果使用恰当设计合理往往产生很强烈的艺术效果。黑色一般用来作为背景色与其他纯度色搭配使用。

（5）色彩的数量　一般初学者在设计宠物染色形象时往往使用多种颜色，使宠物变得很"花"，缺乏统一和协调，缺乏内在的美。事实上，宠物染色时的用色并不是越多越好，一般控制在三种色彩以内，通过调整色笔的各种属性来达到较好的效果。

【技能训练】

训练目标

能根据顾客需求设计染色方案，并完成染色操作。

宠物染色

材料准备

宠物用染色膏、染色刷、染色碗、塑料手套、排梳、宠物用橡皮筋、分界梳、塑料袋或保鲜膜、锡纸、发夹等染色用品和工具。

步骤过程

1.任务准备

宠物犬洗护清洁美容。

2.操作过程

（1）染色膏染色

①设计造型：根据宠物的品种和宠物的自身特点为宠物进行造型设计，如要在身体上进行局部染色，应先修剪出造型的图案。

②分区：将需要染色的被毛与不需要染色的被毛分开，分界处的毛椎部用分界线分好，利用塑料袋或保鲜膜进行分隔，以防止在染色的过程中将染色膏染到不需要染色的被毛上，影响整体效果。还可以在染色区域周围涂抹专业的防护膏，如果没有防护膏可以用护毛素代替，防止染色区域周围的被毛被染。

③调色：将需要的染色膏挤在染色碗中，如需要调色，则按调色卡的说明将几种不同颜色的基色染色膏或媒介调和膏挤在染色碗中搅拌均匀，调出所需的颜色。

④染色：用染色刷蘸取适量染色膏涂抹在需要染色的毛发上。如果要染单一的基色，也可将染色膏直接挤在需要染色的毛发上用染色刷将染色膏均匀刷开。为了得到好的染色效果，染色时要不时地用排梳梳一下，也可用分界梳将染好的一小层被毛与未染好的被毛分开，一层一层进行染色。用刷子染好后，用手指将染色的部位进行揉搓，直到确认被毛已经染透，要保证每根被毛上都被均匀染色。

⑤包裹固定：将刷完颜色的部分用梳子梳理后，再用锡纸或塑料袋将染色的部位包裹。使用宠物用橡皮筋或发夹将包裹好的部位扎好（注意橡皮筋不能扎得过紧，保证血液流通顺畅），固定30 min。为加快染色速度，可用吹风机加热10～15 min，在加热时不要让风筒离被毛太近，防止损伤被毛。

⑥其他部位染色：用同样的方法将身体其他部位要染色的被毛分离、刷毛包裹固定，

30 min后,冲洗吹干。

　　⑦冲洗梳理:打开保鲜膜或锡纸,将染色部位用清水冲洗干净或清洗全身。将被毛彻底吹干,梳理通顺。

　　⑧修整造型:按照设计好的造型,进一步将各部分精细修剪"雕刻",使设计造型更有立体感。染色操作过程参见图4-1-5。

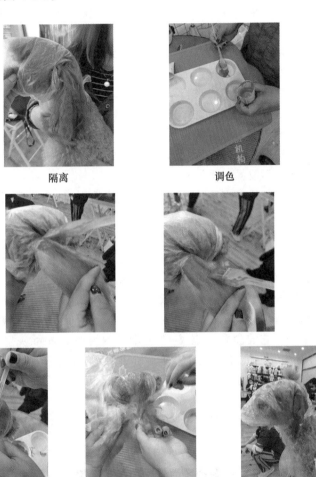

隔离　　　　　　　　　　调色

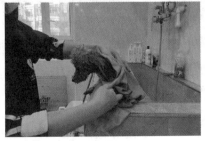

染色

冲洗　　　　　　　　　　完成效果

图4-1-5　染色操作步骤

注意事项

①要染色的宠物最好是白色的。

②在染色前一定要确保宠物的被毛完全梳理通顺。

③染色膏染出的颜色效果由宠物被毛的底色和毛质决定,实际染出的颜色不一定和色板颜色一样或接近。因此,一定要事先告知宠物主人,以防出现纠纷。

④如果要给宠物进行全身染色,一般按照背部、四肢、尾巴、头部的顺序进行,以防先染头部后,宠物耳朵乱动,将染料染到身体其他部位。

⑤在染全身时,为避免出现色差,最好一次性准备好足够的染色膏,如果染色膏不够,可将耳朵和尾巴染成不同的颜色。

⑥有皮肤病或外伤的宠物不能进行染色。

⑦在染色过程中尽量不要染在宠物皮肤上。

⑧如果染料不慎掉在其他部位的被毛上,不要直接用手擦,可涂一些去除液。

⑨因为塑料袋太软不容易固定,因此,用刷子染完色后,一般用塑料袋包裹四肢,用锡纸包裹背部。用锡纸包裹的部位最好用发夹固定。

⑩扎橡皮筋时一定要扎在有毛处,不能扎在裸露的皮肤上,并且不能扎得过紧,以免血液不流通,造成坏死。

⑪染何种颜色,除了宠物主人的要求外,还取决于季节、性别等因素。

⑫为了节约染色膏,可将染色膏直接挤在被毛上,每个颜色固定用一把刷子。

⑬宠物在染色后,不能用白毛专用洗毛液洗澡,以防颜色变淡。

⑭大部分宠物在染色后情绪都不会有很大的变化,但个别宠物会因为自己变得和以前不一样而不开心,显得有点郁闷,不像平时那么活泼。在这种情况下,一方面要通过表扬它漂亮,让它有自信;另一方面要观察它的食欲,测体温,检查是否因为外出洗澡、美容而引起身体不适。

(2)快染彩盒染色 直接将快染粉涂抹于所要展示宠物部位的毛发上。也可以先将宠物要染色部位的毛发微微打湿,用手将毛发抓成小撮状,再将快染粉揉搓于此处,完成后用毛刷轻轻梳刷。这种暂时性染色1~2次水洗即可完全清除。为了染出具有特色的图案,可以先将准备染色的图案打印出来2张,利用裁剪刀、透明宽胶带等工具将图案镂空,然后放置在宠物身上辅助染色,具体操作如图4-1-6所示。

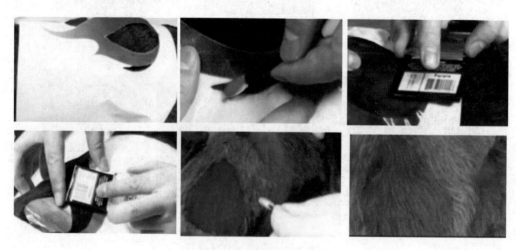

图 4-1-6 快染彩盒染色

注意事项

(1)将准备好的纸样放在宠物身上想要染色的位置,可以用透明胶带将纸张边缘粘在宠物毛发上。

(2)图案中比较细小的地方可以用染色棒沾染粉盒的色粉在染色部位反复涂抹,注意也要顺着毛发的生长方向,直到颜色满意为止。

(3)图案中较大面积的区域可以用粉盒直接涂抹,同样也要注意顺着毛发的生长方向。

(4)第二层染色开始,套位要尽量准确,同时用手固定住纸张,注意防止将第一层的颜色碰花。

(5)最后去除纸样,用染色棒修补中间没染好的部分,用湿毛巾擦除误染的部分。

(6)全部染色后在阳光下的颜色是极其绚丽的。

【技能评价标准】

优秀等级:设计合理的染色方案,熟练完成染色流程,界限分明,造型优美,图案立体,有创新性。

良好等级:设计合理的染色方案,较好地完成染色流程,界限分明,造型优美。

及格等级:设计合理的染色方案,较好地完成染色流程。

任务 4-2　宠物犬的包毛技术

一、宠物犬包毛的目的

(1)保养被毛,使被毛顺滑光亮,从而使宠物犬更加漂亮。

(2)防止前额的饰毛进入眼睛。

(3)保持口腔和肛门周围的清洁。

二、几种犬头部包毛的方法

(1)马尔济斯犬　扎两个发髻(左右各一),以鼻头为中间将两后眼角至头盖骨的毛平分,然后包上包毛纸,扎上蝴蝶结。

(2)西施犬、约克夏猃犬　一个发髻,由眼角到头盖骨,前后各扎一个,再使之互相依附扎成一个,突显出头冠的完美。两根橡皮筋分别扎,一根扎在毛发根部,另一根扎在上部,中间扎一个蝴蝶结。

(3)贵宾犬的欧洲大陆装　扎3~8个发髻,从左内眼角到右内眼角第1个发髻,从外眼角到耳际扎1~2个发髻,再在头盖骨扎1个发髻,沿颈部到背部再扎1~2个发髻,最后将前3个发髻互相依附扎在一起。以上部位可以据毛量多少增减发髻个数,以不影响运动为准。

三、包毛用品简介

1.包毛纸

包毛纸主要用于保护毛发和造型结扎的支撑,包括长毛犬发髻的结扎,以及全身被毛保护性的结扎,使毛发与橡皮筋有阻隔缓冲。市场上的包毛纸主要有美式和日式两种。美式包毛纸成分为混合塑胶,有利于防水,但透气性较差;日式包毛纸颜色多样、美观,但不防水(图 4-2-1)。好的包毛纸应具备透气性好,伸展性好、耐拉、耐扯、不易破裂,长宽适度等特点。

图 4-2-1　日式包毛纸

2.橡皮筋

橡皮筋主要用于包毛纸、蝴蝶结、发髻、被毛的结扎固定,以及美容造型的分股、成束。橡皮筋按材质可分为乳胶和橡胶两种。乳胶橡皮筋不粘毛,不伤包毛纸,但弹性稍差;橡胶橡皮筋弹性好、价格低廉,但会粘毛(图 4-2-2)。

3.蝴蝶结

蝴蝶结主要用于装饰宠物犬头部的发髻,也可用来装饰短毛犬的两耳根部,使宠物犬看上去朴实、漂亮,效果很好。立体蝴蝶结的制作方法如下。

图 4-2-2　橡皮筋

主要材料:彩带、塑料珠、线、尺子、针、剪刀、珠针、指甲液等。

制作过程如下:

①准备 3 条长 10 cm、宽 2 cm 的丝带,注意丝带不能太窄。

②将一根丝带正面对折,两头缝合,折边压出印记。

③把丝带圈翻正面,将缝边和中线压印呈"X"状,然后用珠针固定。

④同样方法再做出一个,将这两个丝带圈摆成"X"状,用珠针固定。

⑤用针线从中间平缝,然后抽紧,再缠几圈固定。

⑥取第 3 根丝带,在中间打普通结。

⑦把普通结放在后面系好,两头在后面系好,将两头整理到下面,并剪出三角口。

⑧把橡皮筋缝在蝴蝶结的背面的中心位置处,并使其与蝴蝶结垂直。

⑨为了使蝴蝶结更富立体感,应涂上指甲液,这样蝴蝶结就不易变形,且更具光泽。

【技能训练】

训练目标

掌握长毛犬包毛技术,能为长毛犬完成包毛工作。

材料准备

(1)动物　长毛犬每组 1 只,约克夏㹴犬、马尔济斯犬、西施犬均可。

(2)工具　排梳、分界梳、鬃毛梳、针梳、包毛纸、护毛剂、橡皮筋、剪刀等。

(3)洗澡　给犬梳理被毛,用沐浴液、护毛素或护毛精油等护毛产品洗澡。

步骤过程

(1)与犬适当沟通和安抚后,将犬抱上美容台,并让犬枕在小枕上,方便包毛工作的进行。

(2)梳整全身毛发,根据毛量和毛的长度确定大概需要的毛包。

(3)根据宠物毛发的长度裁好包毛纸,然后把两个长边各折起 3 cm 左右的宽度,底边按 2 cm 的宽度折三折,使包毛纸近似直筒形。准备好足够数量的包毛纸,待用。

(4)从尾巴开始包起,用排梳或分界梳挑起适量毛发梳顺,喷上以 1∶50 稀释的高蛋白润丝液或羊毛脂,如需参加比赛则要在比赛前 10 d 改用植物性润丝乳液(1∶20 稀释),以减少毛发油脂。注意要喷洒均匀,然后用鬃毛刷刷平。

(5)将毛发夹在包毛纸的对折线中间并用拇指及食指紧紧捏住,以防毛发松动。然后将包毛纸纵向对折直至适当宽度后,把已成条状的包毛纸向后折至适当长度,最后一折朝反向折,然后套上橡皮筋,不要绑到尾骨。

(6)包毛后将扎好的毛包整理工整,左右轻拉一下,避免里面的毛打结。

(7)用同样的方法将犬背部和颈部左右两侧的毛分成相同的份数(一边分 3～5 份),从后向前分别包好,两侧毛包要对称且大小相近,不会妨碍犬的活动。

(8)肛门下面的毛平分,用分界梳梳出一边的毛,用相同的步骤包毛。屁股左右的毛包好后,确认不会妨碍宠物犬的活动。

(9)后肢上方的毛梳直后按相同的步骤包起来。

(10)脸上的毛先从额头包起。脸上的毛不要包得太紧,否则宠物犬会很不舒服。

(11)脸上的毛包好后再包前胸的毛,按毛量分为若干撮,包起来。

(12)整个身体要根据毛量均匀分区,毛包好后既美观又不影响运动。

(13)宠物犬毛发包好后需每隔 2～3 d 拆开,用聚毛刷刷过后,再一层一层地喷上稀释的乳液,并重新再包起来。具体操作过程可参阅约克夏㹴犬包毛流程图 4-2-3 及包毛示意图 4-2-4。

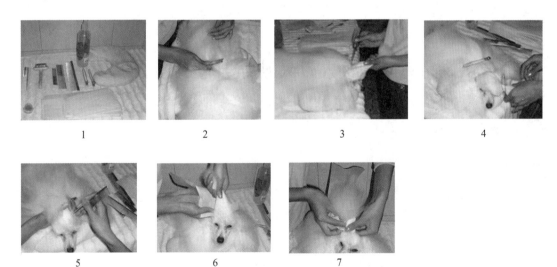

图 4-2-3　约克夏㹴犬包毛流程

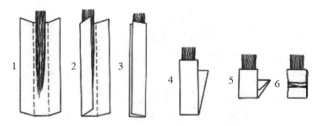

图 4-2-4　约克夏㹴犬包毛示意图

注意事项

（1）宠物犬包毛的过程中稳住它的情绪是最重要的,犬有配合的表现就要及时地给予奖励,以保证包毛顺利进行。

（2）头上的毛包完后应是直立的。

（3）躯体上的毛应顺着毛发生长的方向来包,毛包完后自然下垂,左右对称,呈线条状。分层包毛时,层与层之间应在一个纵排上,排列整齐。

（4）包毛的基本原则是左右对称,大小一致、包紧扎牢,注意选取适当的位置和包裹适当数量的犬毛,同时不能伤到犬的皮肤和被毛。

（5）包毛时手不能太松,以免脱落;也不要包得太紧,以防拉扯皮肤。

（6）包毛时最好直接用包毛纸把毛包起来,再扎橡皮筋,不要先扎橡皮筋再用包毛纸。最后再用橡皮筋固定,否则容易弄断毛发或使毛发缠结在一起,而失去包毛的意义。

（7）包毛纸要将整缕毛全部包住,不能露出毛尖,而只要将毛发统一压在包毛纸的对折线处包裹,不能让包毛纸的每一层都夹有毛发。

（8）腿毛由内向外侧包,一般包两个;小腿骨、飞节以下不包。

（9）有些长毛犬如西施犬、约克夏㹴犬、马尔济斯犬等,为了不让嘴边的毛影响进食,也为了不弄脏毛发,最好对这些部位进行包毛,注意不要将下巴上的毛同时包进去,否则就会张不开嘴。

任务 4-3　宠物犬形象设计与服装搭配技术

一、宠物犬服饰的功能

1.防晒

宠物犬的皮肤比较敏感,夏天剪短毛之后,宠物犬的皮肤就更加容易被太阳晒伤或者被刺伤,适当给宠物穿上透气性良好的夏装,能够帮助宠物犬保护皮肤。

2.保暖

在寒冷的冬天和夏季长时间使用空调时,给宠物犬穿戴服饰可以给体质较弱者起到保暖的作用,这也是最初宠物服装兴起的原因之一。体质弱的宠物犬、步入老年自身保暖能力差的犬、刚刚生产过的犬、大病初愈的犬和有旧伤的犬,应特别注意保暖问题。

3.保护及保持卫生

为宠物犬剃了胎毛之后,为了其后的被毛能很好地生长,给仔犬穿上材质舒服的全棉衣服是非常理想的方式。在换毛季节,给宠物犬穿上衣服,可相对减少家居环境中掉落的犬毛。宠物犬在公园或是草地上玩的时候,会沾上很多的草及杂物,给宠物犬穿上衣服就可以避免沾上这些东西。另外,宠物犬有时会流口水,给宠物犬穿上衣服,可以避免宠物犬的口水流到身上弄脏被毛。

4.特殊功能

雨衣是非常好的功能性服装,在雨天时给宠物穿上雨衣可以避免宠物淋湿从而避免感冒,同时可以保护毛发。生理裤则是宠物在生理期避免尴尬的最好服饰,能更好地避免宠物主人的麻烦。宠物夜行衣,可以在黑夜中保护独行的宠物。

二、宠物穿戴服饰的注意事项

宠物自身有恒温能力。随着季节、气温、日照长度的变化,宠物皮毛的密度和长度会通过自动调节,来维持体温的恒定性,从而保证其免疫系统的稳定。穿上服装鞋帽后,宠物不能充分发挥自身的清洁能力和恒温能力,从而降低了免疫力,甚至造成宠物对服装鞋帽的依赖。一旦积累到一定程度,或者服装鞋帽穿戴不周,都有可能发病。所以,给宠物犬穿衣,要特别注意下列三点:

(1)应尽量缩短穿戴时间,勤换洗,不能与人的衣物一同洗涤,否则容易引发一些传染病。

(2)选用合身的衣服,以宽松款式为好。

(3)选用纯棉、纯毛之类天然的面料,以避免宠物犬出现皮肤过敏、瘙痒等情况,而且可减少静电对宠物犬皮毛的伤害。

三、宠物服饰的风格

宠物服饰的风格有休闲装、运动装、时尚造型装、可爱舒适装、居家装等。

1.休闲装

给宠物装扮最简单的方法就是,找一条花色图样比较特别的手帕或毛巾,系在宠物的脖子上,不过不要系得太紧,以免手帕或毛巾勒伤宠物。同时,给宠物别上发夹,或用皮筋给宠物扎一个辫子。

2.运动装

运动风格的衣服一般是红色、蓝色、白色、柠檬黄。选用这几类颜色的布料进行裁剪制作、搭配制图,就能够很好地表现出宠物的运动风格。但衣料性质尽量选用有弹性的,以免宠物因不适而将衣服扯坏。表现运动风格,还可以搭配运动类型的帽子或鞋子。帽子和鞋子上最好有系带,这能够保证宠物穿戴衣服鞋帽时,长时间维持现状,物件不脱落。

3.时尚造型装

造型时尚的宠物服装,看起来好看但并不实用,容易损坏。而且这类服饰会让宠物很不舒服,一般情况下不建议选用。为宠物穿戴选用一件职业风格或动漫人物风格的宠物服装,搭配一顶帽子系戴头箍进行搭配装扮,也可达到时尚造型装的效果。

4.可爱舒适装

这类型的服装很耐看,出门或居家都相对适应。如果想突出宠物个性,可以选用与宠物种类不一致的动物服装,或用浅色系的衣服或饰品给它进行着装。

5.居家装

宠物居家服装要尽量简单,不必要穿鞋或佩戴饰品,随意选一件较为宽松的衣服即可。

四、常见的宠物服饰

宠物服饰按照不同的分类标准可有不同的类型。按穿着方式可分为两脚衣和四脚衣;按季节来分有春装、冬装,如背心、卫衣、加绒衣服和羽绒服等;另外,还有专业的宠物雨衣、防风衣(图4-3-1至图4-3-5)。

图 4-3-1　民族服装

图 4-3-2　象形服装

图 4-3-3　节日、婚庆服装

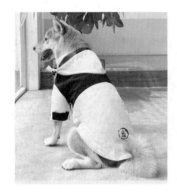

图 4-3-4　功能性服装

图 4-3-5　季节服装

【技能训练】

训练目标

1.掌握宠物服装布料材质及色彩选择原则,正确处理不同类型布料。

2.掌握宠物服装裁剪图绘制技术。

3.掌握服装裁剪及缝制技术。

4.能结合场景、季节等因素根据主人需求设计有创意的宠物服装。

准备工作

裁剪剪刀、碎花布、皮(软)尺、直尺、绘图纸、铅笔、橡皮、水性划线笔、描线轮、复写纸、缝纫机、针线、辅料、模特犬等。

操作方法

1.测量体尺

(1)尺寸测量方法

间接测量:测量的宠物犬如果排斥使用皮尺的话,可以用手和腿代替皮尺,一边和宠物玩耍一边测量,然后再测量手和腿的长度。

直接测量:在需要测量尺寸的部位,依照各种服装制图方法指示采用皮(软)尺加以测量(图4-3-6)。

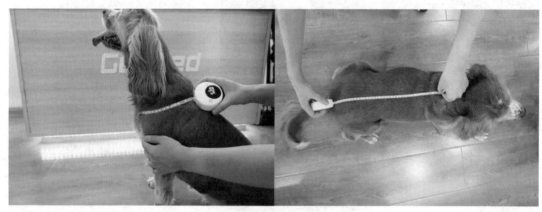

图4-3-6 尺寸测量方法

(2)测量位置(图4-3-7)

①身长:从犬的颈后到尾根的长度。测量时要保持宠物直立,身体充分展开,这样才能保证测量的准确性。

②前襟长:颈围至肚脐中央处,公犬至生殖器前2 cm处。

③胸围:沿肩胛后角量取的胸部周径,这里毛厚肉多,所以记录的长度至少比测量值多出2～3 cm。

④颈围:指犬颈部的周长,也就是平时犬戴项圈的位置的周长。这个位置是宠物服饰领口的位置,领口不可太大,也不可太小,一般测量时多出1 cm即可。

⑤肩宽:脊柱(双肩之间背部隆起的部位)至肩部。

⑥袖长:以肩部算起,进行测量。

(3)常见宠物服装尺寸　给宠物服装制定基本尺寸一直是宠物衣服制造者的难题,伴随着宠物服装业的迅速发展,宠物服装设计师们长年从实际工作中整理数据,归纳出了7个基本尺寸,所以宠物也有了规范的衣服尺码,为宠物选购服装时可参考表4-3-1。

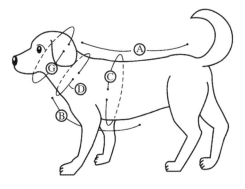
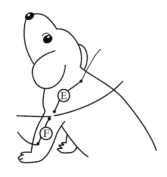

图 4-3-7 测量部位

表 4-3-1 宠物犬的 7 个基本尺寸 cm

号码	背长	胸围	前腿长
1	23～31	33～40	<13
2	31～36	40～46	13～15
3	36～44	46～56	15～18
4	44～54	56～63	18～22
5	54～60	63～70	22～26
6	60～69	70～78	26～31
7	69～77	78～86	31～36

常见的宠物服装尺寸还有另外一种标注方法,参考表 4-3-2。

表 4-3-2 各类服装尺寸 cm

尺寸	领围	胸 围	背长	参考犬种
XS	20～22	25～30	19	约克夏㹴犬、吉娃娃
S	20～24	29～36	23	约克夏㹴犬、吉娃娃、贵宾犬、博美犬
M	23～28	35～42	28	马尔济斯犬、西施犬
L	27～31	41～47	31	迷你雪纳瑞㹴犬、巴哥、北京犬
XL	30～34	46～53	35	雪纳瑞㹴犬、可卡犬
XXL	33～37	52～59	40	米格鲁犬

2.选择设计服装的布料

宠物犬的服装要设计合理,不影响行动,最好选择开扣的设计,容易脱穿,也使得犬跑起来不容易挣开。另外,开裆也要合理,一般选择松紧设计,犬行走时才会自如。宠物服饰要选择触感柔软、穿起来舒适美观的布料,同时还需要选择伸缩性好的布料。

(1)适合使用的布料　针织布、羊毛布、棉布、牛仔布。

(2)不适合使用的布料　坚硬的合成布料、易钩住爪子的布料、化学纤维布料、易褪色布料。

3.选择宠物服装款式

(1)根据目的选择服装款式 目的有很多种,如装扮、保暖、防雨及庆祝节日等,为满足不同目的,服装款式也不同,冬季的保暖服装一般遮盖的面积大且较贴身,以装扮和庆祝节日为目的则以颜色亮丽、款式独特为主,以防雨为目的就要尽可能遮雨且很宽松。

(2)根据宠物犬的品种、年龄选择服装款式 不同品种犬在性格、体型等方面有一定的差异,所以要根据实际情况为其挑选合适款式的服装。

4.裁剪制作

将选择好的布料按照测量的体尺裁剪出所需的款式,再用机器或手工缝制起来,即做好一件舒适的服装。

(1)制图的绘制顺序 基本制图的绘制顺序为"前片→后片→袖子→其他附属部件"。由于在绘制完成前的制图中所测量的尺寸,可能在后面的制图中再使用,因此如果没有依照顺序加以绘制的话,可能将无法正确完成制图(图4-3-8)。

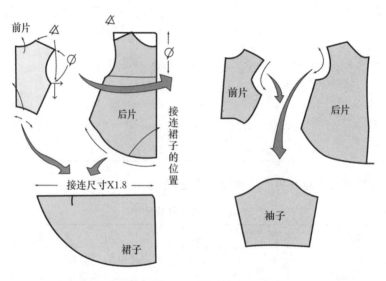

图 4-3-8 制图的绘制顺序

(2)布边的处理方法 裁片在进行缝合时必须在布边保留 1 cm 的缝份,底边或袖口边拷克处还需要多留一些。

拷克,就是车布边的意思,布料经过剪裁,会出现很多毛须的缝份,用拷克机车缝布边,就可以把那些毛毛的布料收尾(图4-3-9)。

(3)裁布及做标记(图4-3-10)

(4)服装制作示例—套头 T 恤衫制作

①套头 T 恤衫裁剪见图 4-3-11。

②绘制缝份 缝份绘制方法见图 4-3-12。

③裁剪衣片,然后缝合。

缝合顺序:a.缝合肩线;b.缝合领滚边;c.接缝袖子;d.缝合侧边;e.处理袖口;f.处理衣摆(图4-3-13),缝合后的成品美观舒适(图4-3-14)。

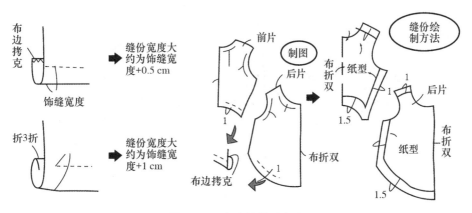

图 4-3-9　布边的处理方法

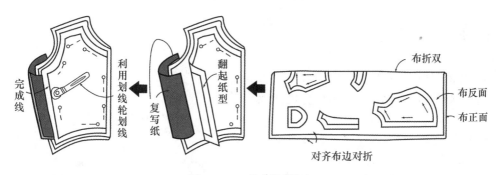

图 4-3-10　裁布及做标记

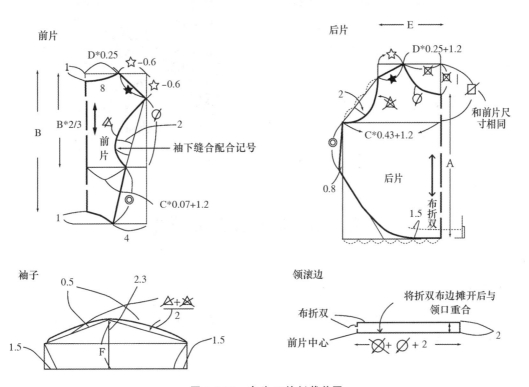

图 4-3-11　套头 T 恤衫裁剪图

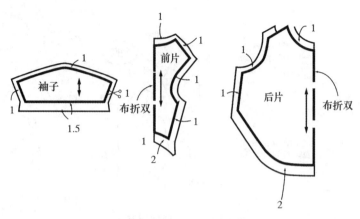

图 4-3-12　缝份绘制

注意事项

①要选择适合宠物服饰的面料。

②尺寸测量时要留出适当的尺寸。

③制作好的服装要舒适、实用且美观、可爱。

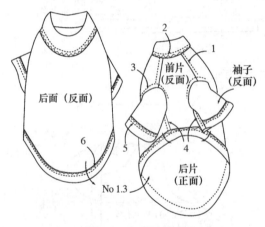

图 4-3-13　缝合顺序

图 4-3-14　成衣效果图

任务 4-4　宠物犬的立耳术

一、立耳的定义

所谓立耳，就是将宠物犬的耳朵（包括耳廓）剪掉一部分（多为 1/3），使天生垂耳犬的耳朵能够向上生长并竖立起来。

二、立耳的目的

最初给犬实施立耳术是为了能显示犬的特殊气质或方便护理。如杜宾犬，作为工作犬，要求具有高贵的气质、警惕的神情、神气的外表。做过立耳术的杜宾犬更能够体现以上这些特征，因此，一般都要求杜宾犬做立耳。而雪纳瑞㹴犬等一些㹴类犬种，耳道结构比较复杂，长满了硬硬的杂毛，不会自行掉落，因此经常会刺激到细嫩的耳道表皮，又容易滋生细菌，导致很多耳部疾病，所以一般对于这类犬种也需为其实施立耳术。

今天，大多数的立耳术是为了让犬变得更加威风与漂亮。在一些犬展比赛中，只要品种标准中规定必须做立耳术的犬只，要在实施立耳术以后才能参加比赛，这样能展现出该犬种的独特魅力。然而，对于大多数家庭犬来说，作为伴侣犬没有必要实施立耳术。

三、需要实施立耳术的常见犬种

大丹犬：实施手术的最佳适龄在 9 周龄，或体重 9 kg 以上；一般耳朵留 3/4 长（图 4-4-1）。

雪纳瑞㹴犬：实施手术的最佳适龄在 10～12 周龄，或体重 6 kg 以上；一般耳朵 2/3 长（图 4-4-2）。

拳师犬：实施手术的最佳适龄在 9～10 周龄，或体重 6 kg 以上；一般耳朵留 2/3 长（图 4-4-3）。

杜宾犬：实施手术的最佳适龄在 8～9 周龄，或体重 6 kg 以上；一般耳朵留 2/3 长（图 4-4-4）。

杜伯曼短毛猎犬：实施手术的最佳适龄在 8～9 周龄，或体重达到 6 kg 以上；一般耳朵留 3/4 长。

图 4-4-1　大丹犬

图 4-4-2　雪纳瑞㹴犬

图 4-4-3　拳师犬

图 4-4-4　杜宾犬

【技能训练】

训练目标

掌握宠物犬立耳手术的方法和术后处理方法。

准备工作

(1)2月龄杜宾犬(或3月龄雪纳瑞狸犬)每组各一只。

(2)医用酒精、络合碘、橡皮膏、圆柱形泡沫、可吸收线、常规手术器械(手术剪、手术刀、止血钳等)、断耳夹子(或肠钳)

步骤过程

1.术前准备

①术前12 h禁食,以防止因麻醉引起呕吐,食物卡住气管造成窒息。

②打止血针,防止在手术中流血过多。

③保定与麻醉,实施全身麻醉结合局部浸润麻醉,最好采用吸入麻醉。

④备皮后对手术部位进行全面认真的清理和消毒。

2.隔离

①耳道内塞入棉球,将下垂的耳尖向头顶方向拉紧伸展,确定要留的长度,用记号笔画好标记线。

②将对侧耳朵拉起,两个耳尖对合,用剪刀在与另一只耳朵标记线对应的位置剪一个小口,再用记号笔画出标记线。

③将断耳夹子(或肠钳)固定在标记线内侧。

3.切除、缝合

①用手术剪沿标记,用止血钳钳住断端的血管进行钳压捻转止血。

②用剪刀将耳内侧上1/3的皮肤和软骨进行分离。

③用可吸收线将上1/3部分的内外侧皮肤以连续锁边的方式缝合在一起,不缝合软骨。

④下2/3的部分以连续缝合的方式将软骨和内外侧皮肤缝合在一起,缝合时将内侧皮肤和外侧皮肤闭合严密。

⑤用同样的方法将对侧的耳朵沿标记线剪下、缝合。

4.固定

缝合完毕后,需要将耳朵固定呈直立状,以保证耳朵竖立。固定的方法有以下几种:

①用专用的耳支架将两个耳朵固定在一起。

②用扣状缝合的方法将两只耳朵缝合在一起,固定线7~10 d拆除。

③把两只耳朵在头部上方用胶带粘在一个固定物上,具体方法如下:

　　a.用一段约5 cm长的圆柱形泡沫,外面缠上胶带。

　　b.耳朵内侧皮肤贴上胶带,连接处涂上胶水。

　　c.将圆柱形泡沫插入耳道内。

　　d.用胶带将圆柱形泡沫固定在耳朵上,耳尖部用胶带反贴固定。

　　e.两边耳朵用胶带连接固定。

　　f.耳朵固定7~10 d,拆开。

5.术后护理

①术后专人看护,防止犬自伤或被其他犬咬伤。

②用碘伏每天至少擦两次伤口,还要每天打两次消炎针。

③解除固定后,如果耳朵不能直立,可用网带在耳朵基部包扎,直至直立。

注意事项

①术前 12 h 禁食。

②拆线后不能马上给犬洗澡,至少要 3~5 d 后再进行水浴。如果必须洗澡,可以用宠物专用干洗粉进行干洗。

③如果可以进行水洗,洗后一定要立即吹干,不要让伤口裂开。

④在伤口愈合期间,切记要防止犬只抓挠伤口部位,导致溃烂,可以戴上伊丽莎白项圈。

⑤耳部有耳螨等寄生虫感染或患有软骨病的,最好不要进行立耳手术。

⑥加强护理,防止术后感染。

任务 4-5　宠物犬的断尾术

一、断尾的目的

各个品种犬的用途不同,断尾的目的也不尽相同。对于一些工作犬,如罗威纳犬,断尾的目的有以下几点:

①尾巴活动能力很低,影响工作,为确保执行任务时的隐蔽性而断尾。

②避免在穿行丛林中尾巴受伤感染。

③战斗失败没有夹尾巴的动作,对方自然无法判断是否需要继续战斗,以培养犬的战斗能力。

可卡犬作为枪猎犬,经常需要穿越荆棘丛生的灌木丛来追逐鹌鹑等猎物,此时左右摆动幅度很大的尾巴抽打在灌木丛上会受伤,为了避免受伤感染,需要给可卡犬断尾。

长时间以来,给犬断尾多数都是为了工作的需要,因此人们习惯了犬只断尾的形象。现在已经有很多犬告别了原始的工作,断尾的目的也只是为了修整外形。此外,还有一些断尾犬是为了参加犬展,满足犬展中对不同品种犬的外形要求。虽然对一些犬种实施断尾手术已经成为传统的标准,但是现在人们已经意识到断尾是非常不人道的做法,所以很多家庭宠物犬不再断尾。2006 年欧盟全面禁止给犬断尾、立耳,此后,在各类犬展比赛中陆续不再强制要求。近年来,我国各类犬展比赛也都不再要求,但是很多宠物主人为了个人爱好或打理方便还是有给宠物犬断尾或立耳的。

二、断尾的标准

常见需要断尾的犬种断尾的标准见表 4-5-1。

宠物美容与护理

表 4-5-1　常见犬种的断尾标准

犬种	尾椎保留长度
贵宾犬	留 1/2～2/3
可卡犬	母犬留 2/5，公犬留 1/2
雪纳瑞狸犬	第二节尾椎处剪断
柯基犬	第二节尾椎处剪断
杜宾犬	2～3 节尾椎
拳师犬	2～3 节尾椎
罗威纳犬	1～2 节尾椎

【技能训练】

训练目标

掌握宠物犬断尾术的方法及术后处理方法。

准备工作

(1)动物　雪纳瑞狸犬或罗威纳犬每组各一只。

(2)工具与用品　医用酒精、碘酊、止血粉、止血带、麻醉药、电剪、橡皮筋、骨刀、一般外科手术器械、可吸收缝合线、笔管、气门芯、剪刀等。

步骤过程

犬断尾方法主要有气门芯断尾法、止血钳断尾法、橡皮筋断尾法、外科手术截断法。

1.幼犬断尾

这里所说的幼犬是指出生后 1 周左右的犬。通过断尾，阻断血液循环，几周之后需要被截断的组织就会坏死，自然脱落。在这个过程中是不会出血的，而且刚出生的幼犬神经发育得并不完全，因此也不会忍受太大的痛苦。

(1)气门芯断尾法

①工具：一根合适的笔管(一端细小且能够套进幼犬的尾巴)，一根气门芯，一把剪刀，以上工具都用碘酊消毒。

②步骤

a.用剪刀将气门芯剪成 1～2 cm 的小段，撑开气门芯(可用镊子)，从笔管较细的一端将气门芯套在笔管上。也可使用专用断尾器的工具撑开气门芯。

b.用酒精或碘酊擦拭犬的尾根处，将犬的尾巴插进笔管中，在欲断尾的位置上把预先套在笔管上的气门芯撸下去，正好套在小狗的尾巴上(图 4-5-1)。

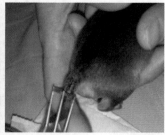

图 4-5-1　气门芯断尾法

c.每天在捆绑处用碘酊消毒,如果方法得当,1周左右尾巴就会自然干瘪脱落,伤口比较小,在伤口处消毒即可。

(2)止血钳断尾法(出生后 3～4 d)

①工具:止血钳,手术剪,医用酒精或碘酊,止血粉。

②步骤

a.确定断尾的位置(一般都是在尾根骨第 2 节处)用止血钳夹紧。

b.在犬尾根处用酒精或碘酊擦拭消毒后,用锋利的手术剪在止血钳所夹部位的上方迅速剪掉多余的尾巴。注意要用新的酒精棉球消毒手术剪,剪掉的速度要快、狠、准。

c.用止血粉涂抹于伤口处(这时止血钳还不能松开),约 15 min 后,伤口几乎没有血液流出,就可以放开止血钳。

d.术后用碘酊消毒断尾区,还可用消炎药预防感染。另外要避免母犬去舔用手术剪剪掉多余尾巴的仔犬伤口处,以免感染。一般 7～10 d 可痊愈。

(3)橡皮筋断尾法(出生不久的犬只)(图 4-5-2)

①工具:比较有弹性的橡皮筋,医用酒精或碘酊。

②步骤

a.确定断尾位置,用酒精或碘酊擦拭消毒。

b.用橡皮筋紧紧捆绑起来,目的是让血液无法流通而造成肌肉坏死。

c.每天定时消毒,防止感染,直到尾巴干枯断掉。

d.约 5 d 尾巴脱落,伤口消毒即可。

图 4-5-2　橡皮筋断尾法

2.外科手术截断法(图 4-5-3)

年龄稍大的犬断尾时,也应在 1～2 月龄以内进行。

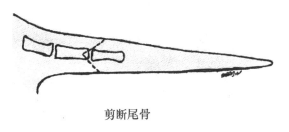

剪断尾骨　　　　　　　　　缝合皮肤切口

图 4-5-3　外科手术截断法

①工具:一般外科手术器械,医用酒精或碘酊,橡皮筋,可吸收缝合线,止血带。

②步骤

a.全身麻醉,或局部浸润麻醉,并配合镇静。采取胸卧保定或仰卧保定。

b.对会阴部及预断尾部用碘酊严格消毒。

c.确定保留尾根长度。在第 2 节尾椎(最多不超过第 3 节尾椎)的位置断尾,尾根部扎系止血带。

d.通过触摸,在其第 2 尾椎间隙,背、腹侧切开皮肤,将皮肤剪成"V"形皮瓣,并将皮瓣反折到预切除尾椎间隙的前方,结扎截断处的第 2 尾椎侧方和腹侧的血管,然后用骨剪或手术刀

在其间隙处剪断肌肉和尾椎。暂时松开橡皮筋,观察是否有出血现象。彻底止血后,修剪皮肤,将其对合,使之紧贴尾椎短端。先用可吸收缝合线在皮下缝合数针,闭合死腔。然后结节缝合皮肤创缘。消毒后,解除止血带并包扎尾根,再用碘酊消毒即可。

e.术后连续应用抗生素4～5 d,保持尾部清洁,以防感染。术后10 d拆除皮瓣缝线。

注意事项

①实施断尾者必须了解犬只各种断尾方法的具体要求。

②做好消毒工作,防止感染。

③选择外科手术截断法断尾时,必须做好止血工作,防止犬大出血。

④认真做好护理工作。

⑤剪尾的长短需视品种而定,标准以竖起为佳,切忌软垂或过长。

⑥断尾术除了用于犬的美容,还可以用于尾部的肿瘤、溃疡的切除。

【项目总结】

任务名称	知识点	操作技能
宠物犬染色技术	染色用品的认识 染色方法 色彩搭配方案	染色方案设计 染色操作流程
宠物犬包毛技术	包毛用品认识 包毛犬种与包毛方法	分区方法 包毛技术
宠物犬服饰与形象设计	服装分类 服装功能 服装尺寸选择	体尺测量 服装制图 裁剪与缝制方法
宠物犬立耳术	立耳术的目的与品种 立耳术的手术操作方法	立耳技术
宠物犬断尾术	断尾术的目的与品种 断尾术的手术操作方法	断尾技术

【职业能力测试】

一、单选题

1. 蝴蝶结的使用是因为(　　)。

　　A.宠物自身喜爱　　　　B.保护皮毛　　　　　C.目标明显　　　　　D. 人类喜欢

2. 关于宠物染色的说法,错误的是(　　)。

　　A.染色的宠物最好是白色的

　　B.在染色前一定要确保宠物的被毛完全梳理通顺

　　C.在染色过程中可以染在宠物皮肤上

　　D.有皮肤病或外伤的宠物不能进行染色

3. 使用染色剂时需要注意的事项,说法不正确的是(　　)。

　　A.大量使用染色剂时,工作场所不需要通风

　　B.一般染色剂都有挥发性成分,因此染色操作时应戴口罩

C.使用染色剂时,必须戴手套,以免伤到工作人员皮肤

D.染色后不能用白毛洗涤剂清洗

4. 宠物犬毛发包好后需每隔(　　)拆开,用鬃毛刷刷过后,再一层层地喷上稀释的乳液并重新再包起来。

A.2～3 d　　　　　　　B.3～4 d　　　　　　　C.4～5 d　　　　　　　D.5～6 d

5. 对于好的美容纸,描述错误的是(　　)。

A.能透气　　　　　　　B.能伸展　　　　　　　C.耐拉　　　　　　　D.易破裂

6. 扎两个发髻(左右各一),以鼻头为中间将两后眼角至头盖骨的毛平均分为两份包上包毛纸,然后扎上蝴蝶结,以上头部包毛方法是哪种犬常用的?(　　)

A.马尔济斯犬　　　　B.西施犬　　　　　　C.约克夏㹴犬　　　　D.贵宾犬

7. 胸围是犬胸骨最低处身体一周的长度,也就是犬最胖的位置,由于这里的毛厚肉多,所以记录的长度至少比测量值多出(　　)cm。

A.1～2　　　　　　　B.2～3　　　　　　　C.3～4　　　　　　　D.4～5

8. 为宠物犬设计服装不需要测量的体尺是(　　)。

A.颈围　　　　　　　B.胸围　　　　　　　C.体长　　　　　　　D.身高

9. 颈围指犬的颈部的周长,也就是平时犬戴颈圈的位置的周长。这个位置是宠物服饰领口的位置,领口不可太大,也不可太小,一般测量放出(　　)cm 即可。

A.1　　　　　　　　B.2　　　　　　　　C.3　　　　　　　　D.4

10. 两个相对的颜色的配合,如红与绿、青与橙、黑与白等相配能形成鲜明的对比,有时会收到较好的效果,这种配色称为(　　)。

A.补色配合　　　　　B.强烈色配合　　　　C.同类色搭配　　　　D.近似色相配

二、多选题

1. 扎一个发髻,由眼角到头盖骨,前后各扎一个,互相依附扎成一个,突显出头冠的完美。用两根皮筋分别扎,一根扎在毛发根部,另一根扎在其上部,中间扎一个蝴蝶结,以上头部包毛方法是哪种犬常用的?(　　)

A.马尔济斯犬　　　　B.西施犬　　　　　　C.约克夏㹴犬　　　　D.贵宾犬

2. 以下适合宠物犬服饰使用的布料是(　　)。

A.化纤布料　　　　　B.羊毛布　　　　　　C.棉布　　　　　　　D.坚硬的合成料

项目五

宠物特殊护理

【项目描述】

本项目根据宠物健康护理员岗位需求进行编写,本项目为宠物美容师必须掌握的相关知识,内容包括妊娠犬护理、幼犬护理、老年犬护理及住院犬、猫护理等项目,通过本项目的训练学生能够掌握犬妊娠诊断方法及妊娠期护理和疾病预防保健工作;幼犬日粮搭配及日常护理方法;老年犬的营养保健;住院犬、猫的医疗管理及术后护理等技能,为学生成为一名合格的健康护理员做好准备。

【学习目标】

1.掌握妊娠犬妊娠诊断方法。

2.掌握妊娠犬日常护理方法、疾病预防及保健方法。

3.掌握幼犬的日粮配制及饲喂方法。

4.掌握幼犬日常护理方法。

5.掌握老年犬的日常护理方法。

6.掌握住院犬、猫的住院管理方法。

7.掌握手术后犬、猫的护理方法。

【情景导入】

案例一　妊娠犬的护理

李先生带着他的哈士奇犬来到宠物店,讲述该犬已交配 40 d。昨天他带着这只犬和邻居家的哈士奇犬一起郊游。今天发现这只犬躁动不安、呼吸粗。经宠物医师检查发现阴道内流出半透明黏液,初步判断有流产征兆。

分析提示:

妊娠犬在日常护理中为防止流产,牵犬散步应单独进行,行走要慢,牵引要轻,避免爬坡、跳沟和其他剧烈运动,每次散步时间不超过 30 min。要防止妊娠犬腹部受到碰撞、过度疲劳或突然受到惊吓。特别要防止外界刺激引起的突然乱挣乱跳。李先生不十分了解妊娠犬护理原则,带犬参与强度较大的运动是不科学的。

案例二　幼犬的护理

张清的朋友送了她一只 2 月龄的白色博美犬。这个小家伙活泼又顽皮,总是喜欢打滚玩耍,白绒绒的毛发很快就变黑了。于是张清就给它洗澡了。可是第二天这只博美犬不吃不喝,精神不振,张清赶紧把它抱到宠物医院请教宠物医师。如果你是宠物医师,请分析一下出现这种现象的原因,并写出诊治方案。

分析提示:

一般 3 月龄以内或未接种完疫苗的幼犬,是不应该进行水洗的。因为此时的幼犬抵抗力较弱,易受凉导致呼吸道感染、感冒和肺炎,很容易感染传染病,如犬瘟热或犬细小病毒病。同时,水洗还可影响幼犬毛的生长量、毛色和毛质。因此,3 月龄以内的幼犬以干洗为宜。另外这只犬也有可能携带病毒,到达新的环境,抵抗力很低,所以建议先做犬瘟热和犬细小病毒病的抗体检查,如果是阴性再做其他检查。

任务 5-1　妊娠犬的护理

一、犬妊娠征候

母犬妊娠后,随着胎儿的生长发育,会出现一系列变化。一般把母犬的这些变化称为妊娠征候。

妊娠犬的护理

1.行为的变化

妊娠初期,母犬行为上没有什么特殊变化;过了初期以后则表现为行动小心谨慎,喜欢在暖和的地方趴卧;妊娠后期,则表现为易疲劳;临近产仔时,出现筑巢行为。妊娠犬也会出现母性化的表现,如活动减少、性情温顺等。妊娠犬的睡眠会明显增加,应提供一个安静舒适的环境,保证其睡眠质量。

2.体重和腹围的变化

妊娠前期,母犬食欲上没什么变化;妊娠 20 d 左右,多数犬食欲减退,甚至出现呕吐现象;妊娠 1 个月后食欲增加;但到分娩之日时,母犬完全无食欲,分娩后才逐渐恢复食欲。母犬在哺乳期食欲最旺盛,母犬体重的变化与食欲变化相一致。多数犬在妊娠 1 个月以后腹围开始逐渐增大,至妊娠 55 d 时增至最大。母犬的体重会因胎犬的数量出现不同程度的增长,行动也会因此而变得不如以前灵活,要尽量防止它从高处跳下或跳越障碍物,以免发生意外。母犬的食量和饮水量会一同增加,排便的次数也会增加,50 d 后在腹侧可见"胎动"。

3.乳房和外阴部的变化

母犬妊娠 20 d 后,乳房逐渐增大;30 d 后乳房下垂,乳头膨大,呈粉红色,富有弹性。哺乳后的乳房变得柔软并一直保持此种状态至断奶。母犬配种后 1 周左右,外阴部恢复原状。妊娠犬在整个妊娠期,外阴部都处于肿胀状态,分娩前肿胀更加明显,分娩后才逐渐恢复原状。

4.情绪的变化

在母犬妊娠期间需要给予更多的关注,并加强感情沟通。有些犬妊娠时性格会稍有改变,

易怒、烦躁,并且更加依赖宠物主人。母犬可能会因为食物不可口、被吵醒或者不被重视而吠叫。在母犬怀孕期间,最好对它倍加呵护。

二、妊娠犬的营养需要(表5-1-1)

表 5-1-1　妊娠犬的营养需要

推荐日粮营养成分(按干物质计算)	
蛋白质/%	20～40
脂肪/%	10～20
钙/%	1.1
磷/%	0.9
维生素 A/国际单位	5 000～10 000
维生素 D/国际单位	500～1 000
维生素 E/国际单位	20

三、犬的分娩预兆

1.体温的变化

妊娠犬在临产前3 d左右体温开始下降,正常的直肠温度是38～39 ℃,分娩前会降0.5～1.5 ℃。当体温开始回升时,表明即将分娩。

2.食欲和行为的变化

妊娠犬分娩前2周内乳房大,乳腺充实,阴道黏膜潮红;分娩前2 d,可从乳头挤出少量乳汁;分娩前数天,外阴部逐渐柔软、肿胀、充血、阴唇皱褶展开;分娩前24～36 h,妊娠犬食欲大减,甚至停食,行为急躁,常以爪抓地,尤其初产妊娠犬表现更为明显;分娩前3～10 h,妊娠犬开始出现阵痛,坐卧不宁,常打哈欠,张口呻吟或尖叫,呼吸急促,排尿次数潜加,臀部坐骨结节处明显塌陷,外阴肿胀。如见有黏液流出,妊娠犬不断舔外阴部,说明即将分娩。通常分娩多在凌晨或傍晚,在这两段时间内应特别注意加强观察。

【技能训练】

训练目标

1.能通过观察及触诊的方法对犬妊娠进行诊断。

2.能使用B超仪器对犬进行妊娠诊断。

材料准备

(1)长毛犬和短毛犬每组各一只。

(2)器具　喷雾器、食盆、水盆、便盆、刷子、梳子、剪刀、镜子、电吹风、项圈和牵绳等。

(3)用品和药物　肥皂、清洁剂、药用棉、棉签、纱布、常用消毒药(来苏尔、新洁尔灭等)。清洁剂、宠物配方浴液、去耳螨滴耳油、中草药配方滴眼液、除虫药、2%硼酸、30%碘酊及抗生素药膏等。

(4)饲料与营养补品　各种妊娠犬的日粮、妊娠犬维生素、钙宝、液体钙、营养骨、高效美毛粉、孕幼犬奶粉等。

步骤过程

1.犬的妊娠诊断

(1)感官检查法

①观察犬的行为 妊娠犬的活动减少、行动谨慎、性情温顺,喜欢在暖和的地方趴卧等。

②观察外阴部有无肿胀现象 整个妊娠期,外阴部稍有肿胀,分娩前肿胀更加明显,分娩后才逐渐恢复原状。

③观察腹围大小 母犬妊娠1个月后食量和饮水量会逐渐增加,腹围逐渐增大,50 d后在腹侧可见"胎动",至妊娠55 d时增至最大。

④观察乳房的变化 母犬妊娠20 d后,乳房逐渐增大;30 d后乳房下垂,乳头膨大,呈粉红色,富有弹性。

⑤腹壁触诊 当母犬妊娠20 d左右,子宫开始变得粗大,在腹壁触摸可以明显感知子宫直径变粗,但这需要有相当经验的人才能做出较正确的诊断。妊娠35 d后,可以触摸到有鸡蛋大小、富有弹性的肉球——胎儿,但应注意与无弹性的粪块相区别。触摸时应用手在最后两对乳头上方的腹壁外前后滑动,切忌粗暴过分用力,以免伤及胎犬,造成流产。

(2)B超声波检查法 应用B超声仪在犬妊娠的第7天就可以探测到子宫膨大,第10天可观测到胚胎,在妊娠18 d之前很难用B超声仪准确判断绒毛膜囊。这种检查法的优点是能探测出18 d或19 d后的胎犬,甚至可以鉴别胎犬的性别、数量以及死活。

①检查前的准备

a.彻底消毒手术台。

b.按仪器使用说明书查看仪器设备及其配件是否配套,如有缺少或损坏应立即补充。

c.仰卧保定母犬。

②检查的方法

a.插上B超声仪的电源插头,启动B超声仪。

b.在母犬的腹侧毛较少或剪过毛的区域涂以专用耦合剂,以消除探头与皮肤之间的空气。

c.获取直观、准确的图像,从而判断该母犬是否妊娠。将探头置于腹壁上,缓慢移动探头,妊娠如果在腹壁、腹股沟区域未探测到胎儿,还应该探查腔壁的其他区域。

d.记录检查结果。

e.用卫生纸擦去B超声仪的探头上和犬腹侧的耦合剂。

2.妊娠犬的护理

母犬妊娠期间需要大量的营养物质供给胎犬的生长发育以及维持母犬自身的生命活动,合理营养对母犬的健康、保证胎犬的正常发育、防止流产都具有重要意义。

(1)妊娠犬日粮的准备 按照妊娠犬的营养需要合理配制日粮,有条件的可到宠物市场直接购买专用犬粮饲喂,或者以营养丰富的幼仔犬粮来饲喂妊娠犬。

为了增加妊娠犬的食欲,可为妊娠犬准备一些湿粮(如罐头等)来调剂口味。如果妊娠犬的营养状况不佳或孕育的胎犬较多,可以在兽医的指导下为妊娠犬补充所需的维生素及微量元素。绝不可饲喂发霉、变质、带有毒性和强烈刺激性的饲料,以防发生流产。

(2)妊娠犬的护理 妊娠期的护理工作十分重要,它关系到整个繁殖工作的成败。妊娠期护理的任务是增强母犬的体质,保证胎犬发育。妊娠期的护理一般分为以下四个阶段进行。

第一阶段　交配后 1～10 d 的护理

a.母犬对食物的需要量不会明显增加,可以按原饲养方法饲养,每天饲喂 2～3 次。从发情开始到胎附殖期间,母犬食物中蛋白质、脂肪、糖类的摄取不应超过机体的维持需要,日粮中适当补充维生素和矿物质可提高母犬的受胎率和窝产仔数。

b.母犬妊娠后,会出现活动减少、性情温顺、睡眠明显增加等现象,应给妊娠犬提供一个安静舒适的环境。

c.保证妊娠犬充足而洁净的饮水。

d.每天应散步 3～5 次,每次约 20 min,散步时防止妊娠犬和其他犬接触,要拉好牵引带慢步走。

e.禁止剧烈运动、恐吓、打骂、洗澡或游泳,防止流产。

第二阶段　交配后 11～30 d 的护理

a.采食量逐渐增加,日粮用量应比妊娠前增加 5%～15%。

b.保证妊娠犬充足而洁净的饮水。

c.加强运动锻炼,每天散步时间大于 4 h,以增强妊娠犬体质,促进胚胎健康发育。

d.天气晴朗时,可在上午或中午给犬洗澡。

e.母犬在妊娠后 25～30 d,可采用伊维菌素或阿维菌素驱虫 1 次,以免感染给胎犬和仔犬,但切勿饲喂过量的驱虫药,防止流产。

第三阶段　交配后 31～55 d 的护理

a.胎犬发育较快,妊娠犬腹部迅速增大,采食量明显增加,日粮用量应比妊娠前增加 15%～30%,每天饲喂 3～4 次,以保证胎犬健壮,生命力强和初生体重大。

b.保证妊娠犬充足而洁净的饮水。

c.妊娠犬的食量和饮水量会增加,排便的次数也会增加,需要每天多带它出去几次。

d.为防止流产,牵犬散步应单独进行,行走要慢,牵引要轻,避免爬坡、跳沟和其他剧烈运动,每次散步时间不超过 30 min。要防止妊娠犬腹部受到碰撞、过度疲劳或突然受到惊吓。特别要防止外界刺激引起的突然乱挣乱跳。

e.给妊娠犬提供舒适的犬窝。犬窝大小要适度,要通风、保暖,妊娠犬的犬窝应宽敞,防止挤压腹部。同时不要让陌生人接近犬窝,以免妊娠犬神经过敏,也不要用手抱,应让其自由行动和休息。犬窝要干燥、温暖、通风良好,冬天注意保温,白天可将犬牵到室外进行日光浴。要调整犬窝的围板高度,以免触及腹部。

f.随着腹部的增大,妊娠犬的性格会稍有改变,易怒,烦躁,并且更加依赖宠物主人,可能会因为食物不可口、被吵醒或者不被重视而吠叫。应经常陪伴妊娠犬,加强与妊娠犬的感情沟通,通过抚摸安慰妊娠犬减轻其烦躁、嫉妒、恐惧的心理。

g.妊娠犬增大的腹部为它自己清理外阴和抬起腿来瘙痒也造成麻烦,所以要经常抚摸妊娠犬,保持外阴部清洁,并经常刷拭妊娠犬的被毛,促进表皮的血液循环。

h.每隔几天用温水和皂液洗涤妊娠犬乳头 1 次,然后擦干,防止乳头感染。

i.天气晴朗时,多让妊娠犬晒太阳,可在上午或中午给犬洗澡,保持被毛和皮肤的清洁卫生。

第四阶段　交配后第 56 天到分娩期间的护理

a.准备好产箱,在妊娠后第 56 天将妊娠犬移入新环境,否则妊娠犬会不安,导致挠肛门、嚎叫、分娩起始时间推迟或迟迟不见胎儿排出等情况。产箱的大小应以妊娠犬可自由站立、转身而不干扰新生犬为准。产箱的周壁应足够高,以防止穿堂风。产箱的一侧开放,可使妊娠犬出入方便。对有些分娩时需要僻静地点的妊娠犬,其产箱上方应有盖,而有些妊娠犬在即将分娩时更多地需要和宠物主人接触,但无论如何要注意保持产房的安静。如果在分娩时打扰妊娠犬,分娩可延长 4 h 以上。注意用柔软的碎纸或软棉线布垫箱。

b.妊娠犬腹部由于高度膨大,使逐渐增大的子宫压迫胃肠,导致每次的采食量下降。因此,每天至少饲喂 4 次,每次都尽量让妊娠犬吃饱,以保证胎儿健壮、生命力强和初生体重大。

c.保证妊娠犬充足而洁净的饮水。

d.禁止洗澡,禁用刷子刷洗妊娠犬腹部,将妊娠犬乳房、外阴部周围的长毛剪去,用湿毛巾清洗干净,便于分娩和哺乳。

e.防止妊娠犬自高处跳跃,严禁接触冷水,防止腹泻。

f.产箱所在室内的温度应保持在 15～23℃,产箱内还应采取保暖措施,用电热器和加热灯都可以,在热源的周围应有足够的空间,以便仔犬能够靠近或远离热源。

g.检查妊娠犬的牙齿和齿龈,确定是否有牙周炎以及牙垢,应每天清洁牙齿。

(3)妊娠犬护理的注意事项

①应供给妊娠犬充足而优质的饲料。在其日粮中应适量加入一些微量元素和维生素饲料添加剂,以促进胎犬正常生长发育。不能喂酸臭霉变的饲料,也不能喂过冷的饲料和冷水,更不能喂有毒的食物,以免刺激妊娠犬的胃肠,引起呕吐和胃肠炎,并容易引起流产。

②妊娠初期,食欲增加,应逐渐增加蛋白质饲料。1 个月后适当添加肉类、骨粉、鱼粉。45 d 后每天加喂一次午餐。临产前,即妊娠 56 d 后,注意减喂 1/4 的饲料。

③妊娠犬生活的地方要宽敞、通风和保暖。地面务必干燥,冬天犬窝(特别是水泥地面)要添加垫草,以防流产。

④妊娠犬要有适当的运动和日光浴,可促进妊娠犬机体和胎犬的血液循环,增强新陈代谢,保证胎犬正常健康的发育和妊娠犬正常分娩。

⑤注意母犬配种后假妊娠。如果母犬腹部只见增大,而体重没有明显增加,即可能是假妊娠。

⑥妊娠犬易受惊,要使妊娠犬安静育胎,不应让陌生人接近犬窝和干扰妊娠犬活动或休息,以免一些妊娠犬神经过敏而导致流产。

⑦母犬妊娠期间要单独管理。

⑧妊娠期间,不可进行哺乳,以免造成流产或胎犬畸形。

⑨妊娠期间,如果发现母犬患病,要及时请兽医治疗,不能乱投药,以免引起流产或胎犬畸形。

3.妊娠犬的疾病预防与保健

(1)准备工作

①妊娠前带母犬的免疫卡、病历到宠物医院做健康检查。

②对犬粮的卫生质量进行检查。

③准备消毒犬窝所需的喷雾器、消毒剂。

④准备犬体卫生保健所需的食盆、水盆、便盆、刷子、梳子、剪刀、镊子、电吹风、药用棉、棉签、纱布、常用消毒药(来苏尔、新洁尔灭等)、清洁剂、宠物配方浴液、灭螨药、除虫药、2% 硼酸、

30%碘酊及抗生素药膏等用具和用品。

(2)疾病预防与保健的方法

①配种前,带母犬的免疫卡、病历到宠物医院,对母犬做一次疾病检查和健康评估,对于保障妊娠犬的健康十分重要。

②饲喂营养均衡的食物,提高机体抗病能力,是保证妊娠犬健康的前提条件。随着胎犬逐渐增大,不同阶段的妊娠犬对营养的需求也各有差异,应合理选择营养丰富的犬粮,均衡供应蛋白质、脂肪、糖类、无机盐和维生素,以满足胎犬的发育和妊娠犬自身生长所需。

③加强犬窝清洁和犬体卫生护理。犬窝是犬病的病原贮存点,因此应定期对犬窝进行较为全面地清洁和消毒,及时用化学药物或物理的方法杀灭和清除各种潜在的致病源。定期更换床垫,保证犬窝的干爽、通风。暂时不用的犬窝等用具,应彻底清洗,经过一定时间晾晒后收藏。经常为妊娠犬梳理被毛,促进妊娠犬的皮肤血液循环,促进季节交替时妊娠犬的换毛和新毛的生长,提高妊娠犬的皮肤抗病力。

④保证妊娠犬有足够的运动量。运动能促进犬的饮食、消化以及良好的发育。提高犬的抗病力是妊娠犬保健的必需项目;运动还能促进犬定时排便等良好卫生习惯的养成。改善室内卫生条件,也是妊娠犬适应环境、与宠物主人保持良好亲和关系的途径。但应避免剧烈运动,防止流产。

⑤定期驱虫。犬绦虫、钩虫和球虫是犬常见的消化道寄生虫,妊娠犬除每年春、秋季各驱虫 1 次外,妊娠后 25～30 d,可驱虫 1 次,以免感染胎犬和仔犬,但驱虫药的使用不能过量,防止流产。

⑥犬传染病的各种预防措施中,疫苗的免疫是最为关键的措施。未进行免疫接种的妊娠犬,应补种狂犬病疫苗、布氏杆菌疫苗、五联苗或六联苗,维持母体高抗体滴度,以便分娩后抗体进入初乳。

【技能评价标准】

优秀等级:能准确迅速地完成妊娠犬的感官检查和 B 超检查,能很好地完成妊娠犬的日常护理工作和疾病预防与保健工作。

良好等级:能较好地完成妊娠犬的感官检查和 B 超检查,能较好地完成妊娠犬的日常护理工作和疾病预防与保健工作。

及格等级:能完成妊娠犬的感官检查,会使用 B 超仪器或能协助他人完成 B 超检查,能完成妊娠犬的日常护理工作和疾病预防与保健工作。

任务 5-2　幼犬的护理

一、幼犬的消化生理特点

幼犬的护理

幼犬消化器官的结构和功能都很不完善,质量和容积都较小,所以需要少食多餐。随着年龄的增加,可以逐步减少饲喂次数,加大饲喂量。幼犬消化酶的数量和活性大多随犬龄增大而增加,因此,应该给幼犬饲喂面包、稀饭和碎肉等柔软、体积小且易消化的食物,或者选用专门设计的幼犬犬粮。幼龄期是犬生长发育最快的时期,大多数品种4~5月龄时体重会达到成年犬的一半。此外,幼犬新陈代谢旺盛,对营养的要求很高,需要提供营养均衡的日粮。

幼犬刚断奶不久,从吃奶改成吃饲料需要有一个适应的过程。断奶时,可逐渐减少母犬的哺乳次数,补充加奶的米粥,慢慢增加固体饲料量,直至全部改吃固体食物。饲喂幼犬必须掌握其消化特点,防止因饲喂不当而引起消化不良、腹泻等疾病的发生,影响犬的健康。

二、幼犬日常护理

1.被毛的护理

(1)经常梳理被毛能够防止被毛缠结,还可以促进血液循环,增强皮肤抵抗力,有利于幼犬的健康。一般每天早晚各刷一次,每次刷毛3~5 min。

(2)梳毛的注意事项

①梳毛时应使用专门的器具,不要使用人用的梳子和刷子。梳子的用法是用手握住梳背,手腕柔和摆动,横向梳理。刷子的齿目多,梳理时一手将毛提起,刷好后再刷另一部分。

②梳毛时动作应柔和细致,不能粗暴蛮干,否则犬会疼痛。梳理敏感部位(如外生殖器)附近的被毛时尤其要小心。

③犬的底毛细软而绵密,如果长期不梳理,易缠结,甚至会引起湿疹、皮痒或其他皮肤病。在对长毛犬进行梳理时,应一层一层地梳,最后对其底毛进行梳理。

④注意观察幼犬的皮肤。清洁的粉红色为良好,如果呈鲜红色或湿疹状,则可能是寄生虫、皮肤病或过敏等,应及时治疗。

⑤发现蚤、虱等寄生虫,应及时用细的钢丝刷刷拭,并用杀虫药物治疗。

⑥犬的被毛玷污严重时,梳毛时应配合使用护毛素(100倍稀释)和婴儿爽身粉。

⑦对细茸毛(底毛)缠结较严重的犬,应以梳子或钢丝刷子顺着毛的生长方向从毛尖开始梳理,直至毛根部,不能用力梳拉,以免引起疼痛或将毛拔起。

(3)给幼犬洗澡　3个月以内的幼犬以干洗为宜,每天或隔天喷洒稀释100倍以上的宠物护发素或幼犬用干洗粉,勤于梳刷,即可代替水洗。此外,也可以用温热潮湿的毛巾擦拭幼犬被毛及四肢,以达到清洁体表的目的。擦拭时一定要格外小心。肛门是犬比较敏感的部位,水温不能过热,以免烫伤犬的肛门黏膜;不能过凉,过凉同样会刺激犬的肛门,使犬感觉不舒服,从而产生恐惧和害怕,致使幼犬以后不再愿意接受擦拭。擦拭头部时注意不要碰到幼犬的眼睛,擦拭后应马上用干毛巾再擦拭一遍,然后再轻轻地撒上一层爽身粉,最后用梳子轻轻梳理被毛至少10~20 min。

3月龄以上的幼犬一般2周左右洗1次。洗澡水的温度不宜过高或过低,一般为36~37℃。给幼犬洗澡应在上午或中午进行。有些幼犬怕洗澡,尤其是沙皮幼犬更怕水,因此要做好幼犬第一次洗澡的训练工作,用盆装满温水,把幼犬放入盆内,露出头和脖子,这样会使幼犬感到舒服。

2.幼犬牙齿的护理

与人类一样,当食物碎渣或残屑贮留在牙缝里时,可引起细菌在牙缝里滋生,造成龋齿或齿龈炎症,影响犬的食欲和消化。因此要经常或定期检查和刷拭幼犬的牙齿,发现问题及时

处理。

(1)牙齿护理前的准备　棉签一包,生理盐水一瓶,牙粉适量。

(2)牙齿护理的方法

①将棉签用生理盐水沾湿。

②用湿棉签擦去牙缝里的食物碎渣或残屑贮留物。

③用湿棉签蘸取牙粉,以清除牙垢,每周给幼犬刷牙1次。

(3)牙齿护理的注意事项

①不要使用人用牙刷,易刺伤牙龈。

②幼犬的牙齿分布较稀(特别是乳齿和换牙期间),骨头等碎片容易卡在牙缝里,应尽量少给幼犬喂含骨头的食物。

3.幼犬眼睛的护理

某些眼球大、泪腺分泌多的犬,常从眼内流出大量泪液,使得眼角下被毛变色,如北京犬、吉娃娃犬、西施犬、贵宾犬等,因此要经常检查犬的眼睛。当犬患上某些传染病(如犬瘟热等),特别是患有眼病时,常引起眼睛红肿,眼角内存积多量黏液或脓性分泌物,这时要对眼睛进行精心治疗和护理。

(1)眼睛护理前的准备　准备好医用棉球、2%硼酸 、生理盐水、眼药水、眼药膏等。

(2)眼睛护理的方法

①用棉球蘸上生理盐水将眼睛四周的长毛向四周分开。

②有些犬,如沙皮犬,常因头部有过多的皱皮,而使其眼睫毛倒生。倒睫毛会刺激眼球,引起犬的视觉模糊、结膜发炎、角膜浑浊,可手术去除部分眼皮(类似人的割双眼皮整容术),也可用镊子将倒睫毛拔掉。

③用棉球蘸上2%硼酸,由眼内角向外轻轻擦拭,但不能在眼睛上来回擦拭,一个棉球不够可再换一个,直到将眼睛擦洗干净为止。

④擦洗完后,再滴入眼药水或眼药膏,以清除炎症。

(3)眼睛护理的注意事项

①用棉球擦拭眼睛时,动作要轻,以免损伤眼结膜。

②沙皮犬的倒睫毛是有遗传性的,因此,在购买时,除了要查清其血统外,还要了解其父母有无倒睫毛。

4.幼犬耳朵的护理

幼犬的耳道很易积聚油脂、灰尘和水分,尤其是大耳犬,下垂的耳壳或耳道附近的长毛常把耳道盖住。这样,耳道会由于空气流通不畅,易积垢潮湿而感染发炎。因此,要经常检查犬的耳道,如果发现幼犬经常抓耳朵或不断用力摇头摆耳,应及时仔细地检查。

(1)耳垢清除前的准备

①准备耳道消毒用的酒精棉球。

②配制软化耳垢用的3%碳酸氢钠滴耳液或2%硼酸。

③将镊子用酒精棉球擦拭消毒。

(2)耳垢清除的方法

①先用酒精棉球消毒外耳道。

②用3%碳酸氢钠滴耳液或2%硼酸滴于耳垢处。

③待干固的耳垢软化后,用小镊子轻轻取出。

④再用酒精棉球擦拭并消毒内耳道和外耳道。

(3)耳垢清除的注意事项

①镊子不能插得太深,精力要高度集中。

②清除耳道时应仔细观察耳道中有无寄生虫,如果有寄生虫,应及时用合适的药物治疗。

【技能训练】

训练目标

1.能为幼犬准备好居住环境。

2.能为幼犬做好日粮的配制和饲喂。

3.能为幼犬做好日常护理操作。

准备工作

(1)动物　1.5～3月龄幼犬、4～6月龄幼犬、7～8月龄幼犬组各一只。

(2)器具　食盆、水盆、便盆、刷子、梳子、剪刀、镊子、电吹风、犬用玩具、项圈和牵引绳等。

(3)用品和消毒药　肥皂、清洁剂、药用棉、棉签、纱布、常用消毒药(来苏尔、新洁尔灭等)、2%硼酸、30%碘酊、结晶紫及抗生素药膏等。

步骤过程

1.幼犬入室前的准备

(1)给幼犬营造一个安全舒适的环境　房间内的家具、物品之间尽量不要留有狭小的空隙,以免幼犬的脑袋卡在其间,造成身体伤害;将所有电器的电源插头从插座上拔掉,以免幼犬啃咬触电;将所有的清洁物品及装饰物品放在幼犬无法触及的地方;所有药品、杀虫剂和洗涤类用品都应妥善放置,在使用后应把瓶盖盖紧,防止幼犬吸食中毒;将别针和裁缝用具等物品妥善保管,以免幼犬吞食带来致命后果;准备保暖的犬窝(可用一个纸箱给幼犬制作简易犬窝),最好选择布艺的犬窝或者有加热功能的布垫;防止贼风、过堂风,以防感冒。

(2)食具的准备　选择坚硬不易损坏、便于洗涤、底部较大不易打翻的器皿作为食具(食盆和水盆)。如陶瓷盆、不锈钢盆、铝盆、铁盆均可。食具的大小形状要依犬的大小外形而定。扁脸短鼻犬种,应该用浅器皿;耳朵较长的犬种,应该用小口的食具,耳朵在外面。清洗食盆和水盆,用来苏尔溶液进行消毒。

(3)常用用品的准备　常备一些药用棉、棉签、纱布、消毒药(来苏尔、新洁尔灭等)、30%碘酊、结晶紫及抗生素药膏等。

(4)便盆的准备　室内养犬一定要有便盆,盆内可放上旧报纸或煤灰等,以随时更换。训练爱犬到卫生间地漏处大小便最为适宜。

(5)玩具的准备　幼犬在长牙齿时会有搬运和咬东西的行为,因而必须根据犬的爱好准备一些不易吞食、不易破碎、无毛的棒状(或球状)玩具和犬咬胶,供幼犬啃咬和玩耍。

(6)项圈和牵引绳的准备

①项圈的准备:项圈可由皮、尼龙、金属及棉带等制成,紧松、大小要适合犬体,并要随幼犬的生长及时调整或更换。不锈钢项圈和链条美观耐用,但一般只用于短毛的中型或大型犬种。

②牵引绳的准备:牵引绳可以选用尼龙、塑料、合成皮及不锈钢材质的。小型犬一般以132 cm长的粗软棉绳为好。牵引绳的末端要有脱套方便且不会从项圈上脱落的套钩。

2.幼犬日粮配制与饲喂

通常将出生后45 d至8月龄的犬称为幼犬。按不同的发育阶段幼犬的消化生理特点和生长发育特点以及对营养物质的需求情况配制不同的干粮。

(1)1.5～3月龄幼犬日粮配制与饲喂

①称取鲜牛奶400 g、肉食150 g、面食150 g、大米100 g、块根块茎物150 g、青绿植物40 g、胡萝卜20 g、骨粉11 g、食盐5 g、动物脂肪4 g、鱼肝油3 g、酵母2 g。

②碎肉、动物脂肪放少许水煮熟,加入牛奶、青绿植物制成半流体状。

③将大米、面食、块根块茎植物、胡萝卜混合,煮熟,再添加到上述半流体状的液体中,调制成糊状或食团。

④加入鱼肝油、酵母、骨粉、食盐后混匀。

⑤将配制好的适量日粮放入食盆中,饲喂1.5～3月龄幼犬,每天饲喂4～6次。

(2)4～6月龄幼犬日粮配制与饲喂

①称取鲜牛奶300 g、肉食25 g、动物脂肪6 g、玉米150 g、面食150 g、青菜60 g、胡萝卜30 g、骨粉13 g、食盐8 g、鱼肝油5 g、酵母4 g。

②碎肉、动物脂肪放少许水煮熟,然后将胡萝卜和青菜切碎,一起加入鲜牛奶中。制成半流体状。

③将玉米、面食混合后煮熟,再添加到上述半流体状的液体中,调制成糊状或食团。

④加入鱼肝油、酵母、骨粉、食盐后混匀。

⑤将配制好的日粮放入食盆中饲喂4～6月龄幼犬,每天饲喂3～4次。

(3)7～8月龄幼犬日粮配制与饲喂

①称取肉类400 g、谷类400 g、青绿蔬菜100 g、胡萝卜60%、骨粉1 g、食盐10 g、肝油8 g、酵母6 g。

②将肉切块煮熟。

③加入切碎的青绿蔬菜和胡萝卜,稍加煮沸,做出菜肉汤。

④ 加入煮熟的谷物以及鱼肝油、酵母、骨粉、食盐等,调制成糊状或食团。

⑤将调制好的日粮放入食盆中饲喂7～8月龄幼犬,每天饲喂3次。

【技能评价标准】

优秀等级:能提前帮助幼犬准备好居住环境;能合理制订日粮的配制方案并完成饲喂工作;能出色地为幼犬做好日常护理操作。

良好等级:能提前帮助幼犬准备好居住环境;能较好地制订日粮的配制方案并完成饲喂工作;能较好地为幼犬做好日常护理操作。

及格等级:能提前帮助幼犬准备好居住环境;能完成饲喂工作;能为幼犬做好日常护理操作。

任务 5-3　老年犬的护理

一、老年犬的生理特点

犬 8~9 岁时就进入了老年，一般犬的寿命在 12~15 岁，而猎犬及其他一些杂交犬寿命会更长。

①皮肤变得干燥、松，缺乏弹力，易伤，患皮肤病，脱毛严重，被毛稀疏。

②毛发颜色发生变化，漂亮的颜色慢慢变得灰黄，甚至有白毛出现。

③牙齿发黄，硬度变低。

④消化能力下降，采食量减少。

⑤听力和视力也明显下降。

二、老年犬的常发病

老年宠物的护理

1．白内障

老年犬的眼睛看上去有些浑浊，可能是白内障的征兆（晶状体不透明）。一般这种病发展速度很慢，没有药物可以将白内障移除或恢复到正常。为了恢复视力，必须通过外科手术的方法摘除。

2．耳聋

随着年龄的增长，犬也会被耳聋所折磨。例如，当主人在较远处呼唤时，犬反应迟钝，像没有听见一样，不像以前那样马上就过来。犬超过 10 岁后耳聋严重，有约 1/10 的犬会发生，到了 14 岁以后发生的概率会增加到 1/6。

3．精神异常

随着犬寿命的延长，犬的精神异常变得更为普遍。犬的常见精神异常现象之一是"老年分离忧郁症"。通常犬在半夜里突然醒来，开始吠叫和大口喘气，出现明显的忧伤迹象。

4．肿瘤

犬患肿瘤后，对其做常规的外科切除手术会因为出血过多或被感染而危及生命。目前利用冷冻手术，即用专门的针头把冷冻液氮涂在肿瘤上，与周围健康组织隔离开，不需要解剖刀。

5．肾衰竭

肾衰竭是导致老年犬死亡的主要原因之一。一般情况下，肾脏损伤 75% 以上才会表现出明显的症状，所以肾衰竭一旦发现就是晚期。肾衰竭最明显的迹象是水分摄入量明显增加，尿液量也相应增加。有些身体所需的营养成分，如 B 族维生素等，可能会随尿液的排出而流失，导致 B 族维生素缺乏。此外，体内钙的吸收也受到影响。老年犬肾衰竭的另一个明显迹象是口臭，当然牙齿疾病也会导致这种口臭的发生。

6．牙齿疾病

牙齿疾病可影响所有年龄的犬，但更常见于老年犬。如果牙垢在牙齿上积聚，牙龈可能会

发炎,牙齿开始松动。因为牙龈被腐蚀,细菌容易侵入牙齿根部,引起牙肉脓肿,引发剧烈的牙痛,影响进食。

7.膀胱结石和下泌尿道结石

结石是老年犬的又一高发病,与食物和肝炎有关。发病时,患病犬排尿困难,尿淋漓,甚至无尿,膀胱中常充盈尿液,X线检查可确诊结石的位置、大小与数量,需要麻醉后实施导尿、冲洗尿道,甚至手术取出结石。为了避免或延缓结石的发生,正确为犬选择食品并进行定期尿检是必不可少的。

8.肝硬化

肝硬化是一种常见的慢性肝病,可由一种或多种原因引起肝功能损害,肝脏呈进行性、弥漫性、纤维性病变。具体表现为肝细胞慢性变性坏死,继而出现纤维组织增生和肝细胞结节状再生,这三种改变反复交错进行,致使肝小叶结构和血液循环途径逐渐病变,使肝变形、变硬而导致肝硬化。主要表现为乏力、精神沉抑、消瘦,有的可见色素沉着。

【技能训练】

训练目标

1.能为老年犬进行常规检查。

2.能为老年犬做好日常护理工作。

材料准备

(1)动物　8~12岁老年犬每组各一只。

(2)工具与药品　体温计、听诊器、秒表、犬用牙膏及牙刷、纱布、耳毛钳、吹风机、犬窝、脱脂棉球、医用酒精、针梳、开结梳、洗澡设备、犬专用浴液、趾甲钳、营养添加剂(钙片、复合维生素等)、老年犬服装、老年配方犬粮。

步骤过程

1.常规检查

对老年犬只进行常规检查,测量犬的三大生理指标常数:体温、呼吸、脉搏。

2.刷牙

给犬刷牙,注意观察牙齿是否健康。如果已经形成牙石,就应到宠物医院洁牙。但老年犬麻醉时对肝、肾都有影响,因此洁牙不要过于频繁。如牙龈已发炎,应尽快就医。

3.清洁护理

定期给老年犬梳理被毛,梳理过程中可以检查身体有无包块、淋巴是否肿大、皮肤是否健康。注意梳理的力度要适当,既要起到按摩的作用又不能用力过大。老年犬洗澡不能时间过长,也不能用烘毛机。

4.创造舒适的生活环境

(1)选择合适的犬窝　挑选适合老年犬用的犬窝,犬窝要柔软舒适。

(2)选择合适的服装　选择纯棉质地的衣服,以减少静电的产生,从而减少被毛的脱落。

(3)创造安静的环境　老年犬需要稳定、有规律、慢节奏的生活,不要轻易改变作息时间。犬睡觉的时候,不要打搅和惊吓,保证充分的休息。由于老年犬的感觉比较迟钝,抚摸之前应该先轻声呼唤名字,让犬对主人的到来有思想准备,以免受到惊吓。

5.合理运动

老年犬身体老化,一些重要器官会逐渐衰退,活动量会减少,不应做剧烈运动,如登山、奔跑、游泳等,日常散步即可满足它的运动需求。不要强迫它持续地运动,应让犬自己决定是继续活动还是停下休息。

6.营养保健

①老年犬的食物要松软易消化、高钙、低磷、低盐、含有优质蛋白质和适量纤维素,建议选用质量可靠的老年犬专用犬粮。

②对于患有某些疾病的犬,应选用相应的专业处方粮。

③自配日粮在食谱中适当增加一些肉类、鱼类、蛋类、蔬菜等,并注意维生素 A 和钙的补充。

④老年犬运动量减少,饭量也随之减少,消化能力降低,因此在喂食方法上可以采取少量多餐制,减轻老年犬的肠胃负担,保证营养充分吸收。

⑤注意供应充足、清洁的饮水。

⑥老年犬由于洁化能力下降,嗅觉也变得迟钝,会比较挑食,这种情况下宠物主人在配制犬粮时应注意美味与营养并举,不能放纵犬的挑食。

⑦犬进入老年后,应通过宠物专用的补钙药品适量、持续地补钙。

⑧过度肥胖的犬会使心脏负担和骨骼负担过重,必须减肥。

⑨老年犬容易发生便秘,应适当增加蔬菜的摄入。老年性便秘可用乳果糖、杜秘克治疗,用量为每 2.5 kg 体重 1 mL。但如果是前列腺肥大等疾病引起的便秘,则应到宠物医院治疗。

7.定期体检

定期为老年犬体检,及时发现身体异常,及时治疗。体检时还会对老年犬的饮食提出合理建议,根据老年犬的身体情况制定更合理的喂食方法。例如,患有肾病的犬只,应减少磷及蛋白质的摄入量;患有心脏病的犬只,应减少盐的摄入量;患有颈椎病的犬只,进食时低头困难,则需要将食物放到便于进食的高度。

注意事项

①测量生理常数时,要使犬保持相对平静的状态,以保证测量数据的准确。

②吹毛时,应该注意不要发出过大、刺激的声音,以免使老年犬受到惊吓。

③护理老年犬要细心、有耐心。

④老年犬容易产生孤独感,宠物主人应增加陪伴的时间。

【技能评价标准】

优秀等级:能熟练地为老年犬进行常规检查;在老年犬日常护理工作中为犬创造良好的生活环境并能熟练完成日常清洁、营养保健常规性工作,同时还要做到定期体检保障老年犬身体健康。

良好等级:能较好地为老年犬进行常规检查;在老年犬日常护理工作中为犬创造良好的生活环境并能较好地做好日常清洁、营养保健常规性工作,同时还要做到定期体检保障老年犬身体健康。

及格等级: 能为老年犬进行常规检查;在老年犬日常护理工作中为犬创造良好的生活环境并能做好日常清洁、营养保健常规性工作,同时还要做到定期体检保障老年犬身体健康。

任务 5-4　住院犬、猫的护理

住院宠物护理

【技能训练】

训练目标

1.能为病犬、猫及住院犬、猫建立病历档案,并做好隔离工作。

2.能为手术犬、猫做好术后护理工作。

材料准备

(1)动物　患病需住院治疗犬、猫每组各一只。

(2)工具　听诊器、体温计、病历本、诊疗记录板、喷雾器、消毒液、(吸水)拖把、笼舍,伊丽莎白项圈、保温灯、被子、注射器、输液器、压脉带、消毒棉、雾化仪、电能、餐具、水瓶等。

步骤过程

1.常规要求

(1)与住院宠物沟通交流,建立互相信任的关系。

(2)做好隔离工作,防止住院犬、猫的交叉感染机会。

(3)增强抵抗力　对患病宠物加强营养,增强抵抗力,早日治愈出院,减少感染机会。

(4)治疗期间工作　充分发挥主观能动性,切断传播途径,消灭传播媒介。入住前。笼舍必须严格消毒,必须将双手清洗消毒后接待患病动物。治疗期间笼舍必须保证清洁,每天打扫,定期更换或消毒各种物品。要保持住院宠物的清洁卫生,及时清污,病室内要保持清洁卫生,勤扫地、勤拖地,要给病室地面喷洒消毒水。经常开窗、通风,保持空气新鲜。要及时清理排泄物,减少呼吸道疾病感染的机会。餐具、水瓶等物品要专用,勤倒勤洗,并经常用消毒液进行处理。饭前要对餐具严格消毒,食物来源洁净,避免消化道传染病发生。

(5)工作人员要严格遵守工作规范　医生、护士要少串病房,治疗室以外的一切物品都可视为污染源,尽量不要去接触,如无法避免时,接触后要用肥皂认真洗手。不要乱用药物,慎用抗生素。

(6)建立严格的探视管理制度　与患病犬、猫有任何接触,都要严格消毒。患病宠物在医院用过的物品在未彻底清洗之前不要拿回家。探视患传染病的宠物时,最好要穿消毒隔离衣和隔离鞋,戴上口罩。探视术后宠物前最好不与医院其他物品相接触,不得喂饲被污染的食物,探视时不得碰触伤口,防止伤口污染。不得带住院宠物到未经允许的地方遛。宠物主人及陪护人员均不得在治疗室吃东西和吸烟。

(7)避免外伤　绝对不可在输液、遛狗情况下让好斗患犬打斗,致使好动患犬摔伤或走失。

2.建立住院病历档案

要建立病历档案,检查身体,观察和记录住院宠物的生理参数。

(1)确定住院　需住院的犬、猫由医生下达医嘱同意住院。

(2)办理住院手续。

①填写住院卡,住院卡注明以下内容。

a.宠物主人的基本情况,如姓名、地址、联系方式等。

b.宠物的基本情况,如昵称、品种、特征、性别、年龄、体重和饮食习惯等。

c.宠物病情的基本情况,如体征、病程、症状、(曾)用药情况、(曾)治疗情况等。

d.必须注明住院宠物的科室,传染病科患病宠物要防止疾病外传,外科手术动物要说明是生理性手术动物还是病理性手术动物。

e.病情监控等级。

f.注意事项。

②预缴住院费。

③明确主管医生及护理人员。

(3)身体检查

①常规检查:包括体重、体温、脉博数、五官、皮肤、肺(呼吸)、心律、腹部、生殖器、肛门腺和精神状态等。

②专项检查:包括常规检验、专项检验等。

3.掌握肌肉注射及皮下注射给药技术

肌肉注射时部位要正确,避开神经与血管。注射给药时最好有医护人员守护在患犬身边,注意观察。

4.术后围手术期护理

术后围手术期指手术结束后 24 h 内。不论是生理性手术还是病理性手术都要加强术后围手术期护理,且需注意以下事项。

(1)苏醒　吸入麻醉苏醒快,且麻醉时间和强度更易精确地控制,对动物的生命威胁低。

(2)涂眼药膏　宠物麻醉后要滴眼药水或涂眼药膏。而眼药水滴入眼睛后会很快流失或是蒸发,需要重复多次地使用,比较繁琐,因此推荐用眼药膏。

(3)术后体位　术后让动物侧躺,颈部保持伸直,使动物身体舒展和呼吸道畅通,避免呼吸困难,导致窒息。使用吸入麻醉,可以完全避免术后苏醒期间窒息的危险。

(4)术后排尿　术后排尿说明肾功能正常。一般手术后 12 h 内要排尿,若尿量不足,则说明问题很严重。病重的宠物或是脱水严重的宠物,在麻醉后没有输液,也没有监护,导致血压下降、肾灌注量不足,出现急性肾衰竭,继而就会出现无尿或尿少尿色深的现象,处理不好就会危及生命。因此术后观察是否有尿排出是很重要的。

(5)观察呼吸频率及心肺功能　有些宠物麻醉后会出现肺水肿,其症状是呼吸频率加快,呼吸困难,嘴部发紫,严重时鼻腔流出血性的黏液,此时应立即与医院取得联系,并进行抢救。因此要注意监控呼吸频率和心肺功能,建议术后住院观察 24 h,一般术后超过 24 h 再出现这种情况的可能性非常低。

(6)体温监测　麻醉后,宠物的体温都会出现不同程度的下降,因此在冬天特别需要注意保暖,尽量让宠物的体温维持在 38℃左右。

5.日常住院管理

(1)医嘱　住院犬、猫的处方及医嘱由主管医生下达,病区负责人落实。

(2)监控　可运用诊疗记录板提醒和指导对住院宠物的护理工作。一般病例每天由责任

助手监控体征,每天分早中晚三次监测;危重病例遵医嘱执行。

(3)紧急情况处置　住院犬、猫出现异常情况由病区负责人首先安排紧急处理,再报呈主管医生或值班医生处理。病情、处置方案和结果必须完整记录。

(4)食物管理

①住院犬、猫的食物由主管医生确定品种、数量、喂食方式和喂食时间等;饮水如无特殊要求由病区负责人安排。

②每天的食物一般以处方粮、干粮等为主,一般不安排煮食。

③所有住院犬、猫的食物由管理人员统一按照主管医生的医嘱签单配发,其余人员不得擅自改变。未食完的食物经管理人员核实后统一处理。

(5)清洁卫生

①入住前笼舍必须严格消毒。

②笼舍必须保证清洁,每天打扫,定期更换或消毒各种物品。

(6)遛狗　轻病或恢复期的犬可遵医嘱外出遛,但患有经呼吸系统传播疾病的犬禁止遛。

(7)出院　治疗后痊愈或康复阶段的犬、猫,经主管医生和管理人员共同签字后允许出院。

(8)预后不良或死亡病例的处理　预后不良或死亡病例应及时通知宠物主人,资料存档。

注意事项

①严防被患病宠物咬伤。

②对医嘱充分理解后方可实施,严禁擅自行动。

③住院犬、猫的护理因其行业的特殊性,需谨慎对待宠物主人与患病宠物。

6.常用仪器的介绍

(1)雾化器

①将雾化器平置于盛水容器中,然后在容器中注入干净的水,直至水面超过雾化器50 mm 左右(也就是水位应超过感应头 0.5～2 cm 为宜)。

②连接雾化器与变压器的电源线,再将变压器接通电源(注意变压器的输入电压必须与当地使用电压和匹配),雾化器上的 LED 指示灯发出亮光,表明雾化器处于运行状态,同时开始制雾和产生小喷雾,无 LED 雾化机芯则直接产生水雾。

③雾化器具有自动断水保护功能,如水位低于感应器,雾化头会自动停止工作,长时间干烧会损坏雾化器。

④注意:平均雾化量≥0.26 mL/min;雾化粒子均匀,确保进行喷雾治疗时微细的热液颗粒有效深入上呼吸道,以利于毛细血管的吸收,得到最佳治疗效果;尽量选择低噪声的雾化器,降低患病宠物的恐惧与不安感,若雾化器噪声很大,应该先使宠物适应此种噪声后再开始雾化。

(2)光学显微镜

①在低倍镜下找到观察目标,中、高倍镜下逐步放大,将待观察部位置于视野中央,调节光源和虹彩光圈,使通过聚光器的光亮达到最大。

②转动粗准焦螺旋,将镜筒上旋(或将载物台下降)约 2 cm,加一小滴香柏油于玻片的镜检部位上。

③将粗准焦螺旋缓缓转回,同时注意从侧面观察,直至油镜浸入油滴,镜头几乎与标本接触。

④从目镜中观察,用细准焦螺旋微调,直至物像清晰。

⑤镜检结束后,将镜头旋离玻片,立即清洁镜头。一般先用擦镜纸擦去镜头上的香柏油滴,再用擦镜纸蘸取少许乙醚－酒精混合液(2∶3)擦去残留油迹,最后再用干净的擦镜纸擦净注意向一个方向擦拭。

⑥还原显微镜,关闭内置光源并拔下电源插头,或使反光镜与聚光器垂直。旋转物镜转换器,使物镜头呈"八"字形位置与通光孔相对。再将镜筒与载物台距离调至最近,降下聚光器,罩上防尘罩,将显微镜放回柜内或镜箱中。

【技能评级标准】

优秀等级： 能熟练并正确使用医疗常用仪器;正确建立住院犬、猫病历档案,配合医生完成病犬、猫和住院犬、猫的日常护理工作;能细致周到并很好地为手术犬、猫做好术后护理工作。

良好等级： 能较熟练使用医疗常用仪器;正确建立住院犬、猫病历档案,配合医生完成病犬、猫和住院犬、猫的日常护理工作;能较好地为手术犬、猫做好术后护理工作。

及格等级： 会使用医疗常用仪器;会建立住院犬、猫病历档案,配合医生完成病犬、猫和住院犬、猫的日常护理工作;能为手术犬、猫做好术后护理工作。

【项目总结】

任务点	知识点	必备技能
妊娠犬护理	妊娠犬营养需求、妊娠征兆	妊娠检查、日常护理
幼犬护理	幼犬消化生理特点	幼犬日粮配置与饲喂、幼犬被毛护理、幼犬牙齿护理、幼犬眼睛护理、幼犬耳朵的护理
老年犬护理	老年犬生理特点、老年犬常见病	常规检查、清洁护理、营养保健、定期检查
住院犬、猫护理	常用仪器认识	建立住院病历档案、肌肉注射与皮下注射、术后护理

【职业能力测试】

单选题

1. 饲料中如含有过多蛋白质则易导致(　　)器官机能障碍。

　　A.心脏　　　　　B.肾　　　　　　C.肝　　　　　　D.脾

2. 下列(　　)与嗅觉的功能无关。

　　A.避强光　　　　B.觅食　　　　　C.求偶　　　　　D.逃避敌害

3. 洋葱、大蒜食物中所含的烯丙基二硫化合物会造成犬只(　　)。

　　A.贫血　　　　　B.高血压　　　　C.糖尿病　　　　D.心脏病

4. 母犬产后一周时,最不可能会有的现象为(　　)。

　　A.无乳　　　　　B.乳腺炎　　　　C.发情　　　　　D.产褥热

5. 成年犬只主要使用(　　)磨碎硬骨头。

　　A.门齿　　　　　B.犬齿　　　　　C.前臼齿　　　　D.臼齿

宠物美容与护理

6. 母犬分娩后2～3 d分泌的较黏稠黄白色乳汁称为（   ）。

    A.初乳　　　　　B.淡乳　　　　　C.浓乳　　　　　D.常乳

7. 一般幼犬2～3月龄建议喂饲的次数是（   ）。

    A.不用喂　　　　B.一餐　　　　　C.二餐　　　　　D.三餐以上

8. 刚出生1日龄的仔犬不需要（   ）。

    A.吸吮母乳　　　B.打预防针　　　C.保温　　　　　D.清除口鼻分泌物

9. 怀孕母犬的营养适合在（   ）期间增加质量。

    A.怀孕前期　　　B.怀孕中期　　　C.怀孕后期　　　D.配种期

10. 刚出生的仔犬,建议要吸初乳的原因是因为初乳中含可抵抗疾病的（   ）。

    A.微量矿物质　　B.维生素　　　　C.高脂肪　　　　D.抗体

11. 健康的幼犬不会有下列哪种情形（   ）。

    A.口腔黏膜粉红色,没有发紫或苍白　　　B.眼睛没有分泌物

    C.一直瘙痒甩头　　　　　　　　　　　D.食欲正常

12. 巧克力对犬只有毒食物,因为其成分所含的（   ）会伤害犬只身体。

    A.可可碱　　　　B.蔗糖　　　　　C.牛奶　　　　　D.脂肪

13. 下列哪种情形不是老年犬只主要的生理特征?（   ）

    A.视力衰退　　　B.听觉减弱　　　C.行动迟钝　　　D.精力充沛

14. 饲料中钙磷含量不足或比例不当,容易引发幼畜的（   ）。

    A.软骨病　　　　B.佝偻病　　　　C.松骨症　　　　D.抽筋

15. 下列哪种情形不会使犬的体温上升?（   ）

    A.奔跑　　　　　B.进食　　　　　C.睡眠　　　　　D.交配

项目六

宠物店铺经营与管理

【项目描述】

本项目是根据宠物美容师助理及宠物美容师岗位需求编写的,是宠物美容师助理及宠物美容师必须了解的行业知识,内容包括宠物寄养、犬只交易、宠物殡葬、宠物驯导、宠物店铺经营与管理等项目。通过本项目的训练,学生能够在宠物店内接待宠物寄养工作时,更好地为顾客服务;在进行犬只交易时保证合理合法,避免法律纠纷;在店内工作中不仅能够完成美容师的工作,还能更好地完成店内产品与服务的销售工作或承担宠物店铺管理工作,同时还可以学习一些犬只行为纠正的训练方法,为客户宠物纠正不良习惯等,为成为一名美容师的同时将来还能晋升店长做好充足的准备工作。

【学习目标】

1.掌握宠物寄养接待流程及并能完成宠物在店内寄养工作,保证宠物在店内健康,尽力满足客户需求。

2.了解宠物交易流程,合理合法经营宠物交易。

3.掌握宠物店铺经营与管理的方法,能正确选址、制订经营方案及管理方案。

4.学习宠物常见的行为纠正方法,能按客户需求为宠物做行为纠正。

宠物店铺的经营与管理

【情境导入】

案例一　宠物犬寄养

姚笛是一名刚工作不久的大学生,她养了一只白色的小博美犬,这只犬长得非常可爱漂亮。不过最近姚笛因工作需要要外出一段时间,身边没有人帮她照顾这只小狗。于是,她来到宠物店里,询问宠物店是否能够帮助她解决这个难题。

分析提示:

当主人外出无法照顾自己的宠物时,把它送到宠物店寄养是最好的选择。宠物寄样的方式也是多样灵活的,但不论怎样的寄养方式,都是本着宠物健康、快乐的生长为原则,帮助顾客解决难题、让顾客满意是宠物店服务的宗旨。

任务 6-1　宠物寄养服务

宠物从业人员实用技能

一、寄养程序

（1）宠物体检　体检项目包括体温、体重、眼、耳、口、鼻、骨骼检查、生化检查、皮肤病检查、血常规检查、粪便检查、尿常规检查等。

（2）签订寄养协议

（3）建立宠物档案　详细登记宠物的姓名、年龄、品种、体重、健康状况、生活习惯、宠物主人联系方式等情况，建立宠物档案。

（4）宠物管理

①饲喂　美容店提供日粮，一日两餐，也可根据宠物需要另外配餐或由宠物主人自带食物；饮水每天更换 2 次，每天清洗并消毒。室内饲养，恒温 18℃ 左右，一只宠物配备一个笼子。

②宠物清洁与美容　宠物到达与离开美容店时，分别做 1 次清洁与美容护理。对于寄养时间较长的宠物，夏季应每周做 1～2 次清洁与梳理，冬季每 2 周做 1 次清洁与梳理。

③运动　对于犬每天户外运动 0.5～1 h，亲近自然，包括日光浴，呼吸新鲜空气，有助于培养其良好的性格，防止宠物因离开主人而患焦虑症或抑郁症。

（5）电话回访　宠物寄养结束后 1～2 周，应电话回访宠物回家后与主人的亲密程度以及回到家庭后的适应情况，包括宠物的饮食、宠物大小便的情况，以及对本店服务的满意度及建议等。

二、寄养协议

寄养协议参考示例 1。

三、经营宠物寄养的注意事项

①保证寄养宠物的健康与安全。

②寄养宠物时要有所选择，不熟悉、不了解、难把握的宠物尽量不要接受寄养。

③接受寄养前最好对宠物进行健康检查，确保宠物无任何疾病后才可接收。

④所有被寄养的宠物必须有大型宠物医院的健康证明，还需经本公司的宠物医师进行仔细检查及化验，确认后方可寄养。

示例 1

寄养协议

甲方（宠物委托寄养主人）：

地址：

电话：

乙方（宠物代养方）：

地址：

电话：

寄养宠物情况：

宠物名字：　　　　年龄：　　　　性别：　　　　身体是否健康：

宠物自身价值：　　　　其他（发情期、怀孕、免疫等）：

乙方为甲方提供有偿的临时宠物寄养服务，甲方将宠物交由乙方临时寄养，寄养时间为：　　年　月　日　时至　　年　月　日　时。

甲乙双方经友好协商就宠物临时寄养事宜达成以下协议：

一、寄养时间宠物到期的领取及续约

1.寄养时间：寄养宠物按每日 18:00 止为一天计费。

2.领取：寄养到期时，甲方本人应按时取回其宠物，宠物主人不能到场时，应有委托书、主人证件及经办人证件取回其宠物。

3.过期：寄养到期，如果超过次日 18:00，则按一天价格收费。

4.续约：寄养期满，如甲方提出继续寄养，将优先享有续约权。但须在 3 天内把寄养费用补齐。

二、收费标准

略。

三、甲乙双方的权利和义务

1.甲方委托寄养的宠物，应该在乙方得到合理的饮食、住所、日常养护和健康保障。

①食物——乙方为寄养物提供均衡营养的日粮、洁净的饮水，甲方最好能为宠物自带一些它喜欢的食物。

②居住——乙方为寄养宠物提供阳光充足、通风良好的居住环境，并保证有适当的活动空间及充足的运动量，采取严格的隔离措施，避免宠物互相传染疾病。

③排泄——乙方为寄养宠物提供洁净、卫生的室内如厕条件，并且每天清理和定期消毒。

④卫生清洁——乙方为寄养宠物定期洗澡、皮毛梳理、修剪指甲、清理耳朵和眼睛等，保证体表卫生。

⑤信息反馈——甲方可为寄养宠物进行不定期回访，乙方应向甲方提供寄养宠物信息。

2.甲方应为乙方在寄养宠物期间提供必要的咨询和协助。

3.如宠物在寄养前健康已出现问题，甲方应承担寄养后宠物的医疗费用。如健康的宠物，在寄养期间出现健康问题，费用则由乙方承担（承担费用不超过每月寄养费用的 2 倍）。寄养期间宠物出现丢失或意外（非疾病）死亡，责任由乙方承担。如因为宠物自身健康原因或者医疗事故死亡，双方均无责任。如因不可抗力（指战争、政府行为、地震、山洪、泥石流、瘟疫和其他自然灾害或重大刑事案件的发生等）因素死亡，双方均无责任。

4.甲方必须保证如实提供宠物真实的身体状况，如有隐瞒或提供不实情况，一切后果由甲方自行承担，乙方不负有责任。

5.双方对宠物出现死亡、丢失的赔付约定：

①寄养宠物进入中心 7 天内，因疾病导致死亡的情况，乙方不承担相关赔付。

②寄养宠物进入中心后，因乙方工作失误，导致甲方寄养的宠物死亡、丢失的，乙方给予相应赔付，赔付上限为宠物的价值。

③寄养宠物在本中心 7 天内出现非创伤性疾病，相关医疗费用由甲方支付，寄养宠物在寄养后出现创伤性疾病，相关医疗费用由乙方支付。

四、双方对提供结束协议、违约及赔付的约定

1.甲方应严格按照本协议的第三款向乙方支付寄养费用，并与协议结束时及时领取寄养的宠物，履行主人的职责。

2.如需延长宠物寄养时间，甲方应及时通知乙方，并将增加的费用在 3 天内予以补足。

3.如在寄养结束后，甲方未能及时领取宠物的，拖欠 15 天以上视为甲方自动放弃对寄养宠物的所有权，该宠物归乙方所有，乙方有权出售或送养。

4.寄养期限内，其中一方提出提前终止协议的，应提前 24 小时通知对方，并在甲方领取宠物时的请退还相关费用。

五、防疫证明

在寄养期间，甲方须提供服务的有效防疫证明，并由乙方保存至甲方取回宠物为止。

六、费用

甲方在交送乙方寄养宠物时，一次性向乙方交纳全部寄养费用。

七、本协议一式两份，具有同等效力，分别由甲乙双方保管

甲方：(签字)　　　　　　　　　年　　月　　日

乙方：(签字)　　　　　　　　　年　　月　　日

注：以上协议，如需引用，请经过专业律师审核。

任务 6-2　犬只交易服务

一、签订宠物购买协议书

签订宠物购买协议书见示例 2。

示例 2

宠物购买协议书

甲方或甲方的授权代理人(卖方)：　　　　　联系电话：　　　　　地址：

乙方(买方)：　　　　　　联系电话：　　　　　　地址：

甲方将其自养的(宠物)____只(雌　雄)，共计_____元人民币(大写)出让给乙方。若(宠物)处于预售，在乙方对甲方的(宠物)表示无异议后，可预付_____元人民币(大写)，预付日期为____年__月__日，最后(宠物)由甲方交付乙方时，乙方付余额_____元人民币(大写)，日期为____年__月__日，(宠物)所有权归乙方所有。

鉴于双方交易商品为动物存在一定的不可预期性。甲乙双方经平等协商一致，自愿签订购买协议，共同遵守本协议所列条数。

主要条款：

第一条：本合同有效期为____个月，本协议于____年____月____日生效，至____月____日终止。

第二条：(宠物)在到达乙方家中一周内如出现细小病毒病及其他传染疾病等，由甲方承担责任，并有义务在事故出现3周内退还乙方所付货款，乙方有义务为宠物做医检并出示检查结果，此费用由双方另行协商承担。乙方有义务在(宠物)出现症状第一时间内告知甲方。

第三条：协议期满或经双方商定确认解除协议，此协议自动终止。

第四条：本协议中甲乙双方的通信地址为双方联系的唯一固定通信地址，在履行本协议中，双方有任何争议，甚至涉及仲裁，该地址为双方法定地址。若其中一方通信地址发生变化，应立即书面通知另一方，否则造成双方联系障碍，有过错的一方负责。

第五条：若双方处于预订交易，且甲方收取乙方预订(宠物)订金后，所预订的(宠物)转卖第三方，甲方必须赔付乙方所支付订金的双倍作为违约金；若乙方发生违约，不再购买甲方宠物(除该宠物在甲方处发生疾病未治愈、残疾、死亡、失踪等，双方可协商退还订金)。甲方有权收取原订金，不再退还乙方。

补充协议

1.甲方按照规定交付(宠物)给乙方之前履行如下服务

a.(宠物)交付之前保证其健康。

b.甲方不得欺瞒恶性遗传疾病。

c.甲方负责按照规定程序注射2针进口免疫疫苗，并向乙方提供相关证明材料。

d.甲方负责按照规定程序驱虫，并提供相关证明材料。

2.乙方购买前及购买后履行如下服务

a.乙方若是本地或者靠近甲方地区的客户，需到甲方处自取所预定的(宠物)。乙方若是外地客户，若能自行安排，应尽量自行安排，如不能自行安排甲方在乙方付清全部款项后，协助乙方运输运费由乙方承担，甲方负责将(宠物)安全送至乙方所在地最近的机场，运输风险由甲方承担(除不可抗力因素)。乙方在机场接到(宠物)后，请在机场和甲方确认(宠物)的健康情况，否则涉及运输引起的健康问题，甲方不承担任何责任。

b.乙方领回宠物后，必须严格按照甲方提供的饲养方法喂养，否则后果自负。本协议

一式两份,甲乙双方各执一份。且双方可以将此协议作为发生纠纷后用于法律途径解决的证据。

甲方:　　　　年　　月　　日

乙方:　　　　年　　月　　日

备注:文中带括号的宠物可替换为具体的宠物名;以上协议,如需引用,请经过专业律师审核。

二、犬只交易的注意事项

1.对于宠物买卖的经营,一定要保证所售宠物的品种。

2.一定要使宠物住所保持通风、卫生的环境,并定期给宠物注射疫苗,防止疾病。

3.应能掌握一些相关的免疫方法、宠物自身的健康知识,以及对待可能发病的前期症状、水土不服等问题的解决手段。

任务6-3　宠物殡葬服务

一、主要项目

(1)宠物标本制作　当宠物去世后,宠物主人难免会感到失落,而且有些宠物主人不忍心随意处理它们,因此一种新的怀念宠物的方式应运而生,即把死去的宠物改成标本。

(2)宠物火葬　火化时一只宠物一个炉,且宠物的骨灰可保留存放于专门的骨灰堂。为满足宠物主人能亲自送宠物最后一程的需求,可进行现场火化服务。

(3)宠物土葬　选择合适、合法的宠物墓地,对动物尸体进行无害化处理,如深埋的消毒方法是在土坑里铺上生石灰等。要求坑深度必须在1 m以上,且在远离水源的地方(图6-3-1)。

(4)网上灵堂　宠物人可在祭祀网站上为宠物注册一个灵堂,点歌寄托哀思,用文字记录下与宠物共处的点滴回忆,爱好宠物的网民也可跟帖回应,表示悼念的情怀。

图 6-3-1　宠物土葬

二、注意事项

1.首先需要到工商部门申请相关执照。所有殡葬服务及购买用品的出售必须在政策规定的范围内进行。

2.为了能更好地满足宠物爱好者的需求,还可以将服务内容分为普通、标准、豪华等级别,并根据不同级别配合不同的服务。

任务 6-4　宠物服装制作和销售

1.可采取定制服装、量体裁衣的方式,对客户进行有针对性的服务。

2.可根据不同季节推出不同的套装。比如,冬季可以推出婴儿式的连脚服,雨季可以推出有个性的宠物雨衣。

3.不断迎合市场,推出新产品,防止客户流失。同时也要针对中低档消费者推出一些价格比较便宜的产品。

任务 6-5　宠物摄影服务

1.服务对象

(1)家庭宠物　为家庭宠物在节日、生日、婚庆等特殊日期摄影。

(2)商务摄影　为宠物参加大赛、登杂志、做海报等摄影。

2.服务项目

(1)摄影前美容。

(2)宠物摄影服饰试穿。

(3)摄影服务。

3.签订摄影协议

(1)家庭宠物拍摄协议　客户所得照片仅用于私人空间欣赏,允许网上以小图形式交流,凡违约用于出版、广告等商业活动,未经许可,有追究其相关责任的权利;宠物摄影店拥有所拍动物照片的版权和使用权;采用数码拍摄,无底片,不保留原片(可提供小文件750像素)。摄影师在拍摄前有义务向客户出示此协议,凡决定拍摄的客户将视作已同意以上约定,本协议仅限家养宠物摄影,商业摄影另行协商。

(2)商务摄影协议　宠物摄影店拥有所拍宠物照片的使用权;采用数码拍摄,无底片,不保留原片(可提供小文件750像素)。摄影师在拍摄前有义务向客户出示此协议,凡决定拍摄的客户将视作已同意以上约定。

任务 6-6　宠物驯导服务

一、宠物犬驯导内容

(1)服从性训练　有绳随行、随行中坐、随行中卧、卧

宠物行业组织与宠物赛事

下等待、召回、禁止、握手、拒食外食等。

（2）不良行为训练项目　不随地大小便、不扑人、不乱叫、不咬手、不攻击人和犬、不咬家具、不随地捡食、不挑食和护食、不过度黏人、不过度要求关注、兴奋时受控制、不吃屎、宠物主人离家后无分离焦虑、无领袖症候群等。

（3）技巧性训练（选训项目）　敬礼、左右转圈、数数、后退、人体障碍（跳腿、跳背、跳手圈、脚圈）、匍匐前进、接飞盘、钻腿、站立行走、装死、打滚、衔取物品等。

二、驯导课程体系

（1）初级班　随行、坐、卧下、前来、握手、禁止、延缓等待、自由穿行人群、社交礼仪。
（2）中级班　初级课程加上随行中坐卧立、无绳随行、远距离指挥、吠叫、跳腿、坐立、装死、打滚、简单障碍。
（3）高级班　中级班课程加上飞盘、敏捷训练。
（4）选修班　课程内容自选。

三、宠物驯导的注意事项

1.犬只在接受训练之前必须经过驯犬师的性格行为测试，不是每条犬都适合训练，根据犬的实际能力和特点选择课程。

2.所有进场的犬的年龄必须在4月龄以上，需做完三针六联苗的免疫、做完狂犬疫苗免疫以及驱虫一次，还必须有大型宠物医院的健康证明和养犬登记证。

3.宠物保健医生会先对犬的耳朵、眼睛、毛发、脚掌、肛门、皮肤、牙齿等部位进行全面的检查，并进行犬瘟热和细小病毒病传染性疾病等的抗体检测，最终确定犬只的健康状态来确定能否进场。

4.每只犬根据宠物主人的要求，训练周期在1～6个月。根据难易度和特殊要求等不同，依实情拟定。

任务 6-7　宠物婚介服务

一、操作程序

（1）建立宠物档案　对宠物的姓名、年龄、品种、健康状况等情况详细登记，建立宠物档案。
（2）宠物美容　为宠物清洗消毒、整理毛发、美容化妆和佩戴饰物，提高宠物相亲的形象。
（3）宠物摄影　用于宠物档案和刊登宠物征婚启事，同时方便宠物主人建立宠物相册。
（4）宠物征婚　刊登宠物征婚启事，根据宠物主人对配种宠物的体重、体型、血型等要求，为宠物寻找合适的婚嫁对象。
（5）宠物体检　为宠物检查疾病，防止宠物交友或婚配时传染疾病。
（6）其他服务　为宠物提供用品、宠物时装、宠物养护及交友等服务。

二、经营宠物婚介的注意事项

（1）对于经营者的要求较高，必须具备丰富的繁育与医疗知识，能迅速地分清宠物的类别及品种是否纯正，并查明它们的健康状况。

（2）宠物发情期只有 13 d 左右，一年发情两次，许多准备工作都需要在发情期之前做完。

（3）防止近亲交配，需仔细察看宠物的血统证书，对于产地、品种、宠物美容店的血统、出生日期、宠物的直系关系以及宠物主人的姓名，确认三代以内没有血缘关系的，才确定可以交配。

【技能训练】

训练目标

1. 能根据美容店铺经营项目需求进行市场调研并选址。

2. 能根据店铺经营项目制定营销计划。

材料准备

可供参观的宠物美容店 3 家以及笔、纸、绘图工具等。

步骤过程

1. 市场调查与选址

（1）市场调查　通过市场调查等明确经营定位、经营项目，包括以下几个方面。

①行业发展状况。

②本地区适合经营的项目。

③哪些地段、哪些项目有拓展的空间。

（2）选址　宠物美容店的位置宜选择在闹市区、居民社区或专门的动物市场，并要综合考虑以下其他多种因素。

①选址之前首先要调查服务区域人口情况和目标顾客收入水平。

②调查周边宠物数量、同行业竞争情况，理想的位置是没有竞争或竞争对手比较弱的地区。

③分析周围商家特点、房屋租金、合同期限、人口变动趋势及有关的法律法规等；考虑交通条件是否便利，周围设施对店铺是否有影响等。

2. 确定经营项目

（1）洗澡　洗澡是宠物犬、猫最普遍也是最主要的日常护理项目。

（2）美容　美容是宠物美容店的招牌服务项目，美容技术的好坏可直接影响店铺的经营。优秀的美容师不但要掌握常见犬种的经典造型设计，还应该掌握多种风格的造型设计技巧，通过不同修剪技巧与包毛、染色与雕刻等技术的综合运用设计出个性突出、时尚前卫的宠物造型。

（3）宠物用品销售　宠物用品的种类繁多，大致可分为衣、食、住、行、玩五大类。

①宠物服饰，如冬装、夏装、个性装、唐装、运动休闲装、帽子、领巾、项圈等，可自行设计，也可量身定做。

②宠物食品，这是宠物消费的主要项目，在经营宠物食品时应选择质量上乘、品牌悠久的犬粮，供应不同口味、不同规格的产品，同时要不断更新。根据顾客需要提供单犬种专用犬粮或处方粮，以及各种零食等。

③宠物保健用品，可根据周边客户消费情况设置不同种类，如补钙产品、亮毛产品、关节保

护产品等。

④宠物住、行方面的用品,主要包括犬床(窝)、牵引绳、运输箱等。

⑤各种宠物玩具,如发声玩具、毛绒玩具、结绳玩具、漏食球等,也是常见的宠物用品。

(4)保健护理 可用不同手法,也可选用宠物按摩器或理疗仪,对健康或患病犬只各部位肌肉和关节进行按摩。

(5)宠物寄养 需要与犬主签订寄养合同,提供让顾客放心、满意的寄养环境与日常护理。

(6)犬只交易 可利用丰富的客户资源与销售渠道,给顾客提供不同犬种的活体买卖交易,也可开展优良犬种的配种业务。

(7)宠物摄影 可根据不同犬只个体设计拍摄写真、艺术照、家庭生活照等业务;对于一些种犬或赛级犬,也可将照片用于商业推广或宣传。

(8)婚丧嫁娶 主要包括殡葬与配种业务。宠物美容店可在动物检疫部门或卫生部门许可的前提下开展殡葬业务,如土葬、树葬、火葬及网上设置灵堂等形式。

3.选择经营模式

对于从事宠物美容业的人来讲,除了拥有扎实的技术功底、高昂的创业激情之外,选择合理的经营模式也是创业成功不可缺少的关键因素。

(1)依附宠物医院开店这种经营模式的特点在于以下两点:

①有充足的客源,并为顾客提供便捷、可信赖的服务。

②省去选址、找客源、待认可等诸多发展阶段,同时犬主也会把对宠物医院的信任转移到美容业务上,使美容业务大大提升。

(2)加盟宠物连锁机构 一般而言,好的宠物美容连锁品牌不仅具有较高的知名度和影响力,而且在技术、管理和加盟服务方面也有保障。目前国内已有运作成熟的宠物美容加盟品牌,不但为加盟商提供周密的开店计划,而且也会提供人员、技术和管理上的支持。

(3)独立经营开店 如果资金、实力足够扎实,入行较早,又有商铺运作经验,则可以选择独立经营开店。即使经验丰富,开店之前也需要进行细致、深入的调查、选址。独立经营开店对选址有较高的要求,位置的好坏甚至可以直接影响店铺的生存。一个具有竞争力的宠物美容店还要有一套成熟的经营理念与管理手段。

(4)开网店 将宠物美容店开在网上,是较为时尚而且简单的经营方式。可以通过技能展示视频、美容效果图让顾客认识、了解美容师,然后电话预约,上门服务。这种模式节省了房租、水电等管理费用,价格相对低廉,时间比较灵活。

4.装修与店名

(1)店面的装修 装修风格的不同,会吸引不同群体的客户,进而影响产品及服务的价格。装修风格要具有以下特点。

①具有高档消费群体的店铺,装修要豪华、奢侈而又温馨、时尚。

②室内的装饰应以亮色为主,整体明亮的色调会让人本能地产生好感。

③一个美观、醒目的门面设计会给顾客留下深刻而美好的记忆,用于展示美容效果的橱窗也要具有吸引力。

④门厅处展示美容师的工作照片、赛场图片或获奖照片,会有很好的推广与宣传作用。

店内设计要考虑不同的分区,一般宠物美容店可包括接待区、美容区、洗梳区、寄养区、用品销售区、成果展示区等,可根据店面大小与规模实力设计不同的区域(图6-7-1)。

(2)美容店的名字

①以能体现行业特色,彰显美容师的个性为目的。

②简洁、响亮、新颖、朗朗上口,并能启发人们美好联想的名字为佳。

③可冠以形象设计室、美容工作室、美容会所、美容保健中心等名称,也可选择与宠物有关的充满人情味的名字作店名,以引起顾客的认同感与归属感。

5.办理开店手续

开设宠物美容店一般可参照以下办理程序,具体办法应咨询当地办证机关。

①持本人身份证、美容师上岗或技术等级证,房屋产权证(租赁合同),到当地卫生行政部门办理卫生许可证。

②持卫生许可证、身份证,房屋产权证(租赁合同)或其他有效证件,到当地公安部门办理特殊行业许可证。

③持卫生许可证,特殊行业许可证、身份证等有效证件,到当地工商行政部门办理宠物美容服务营业执照。

④持营业执照正副本、有效印章和其他相关证件,到当地税务部门登记领取税务发票。

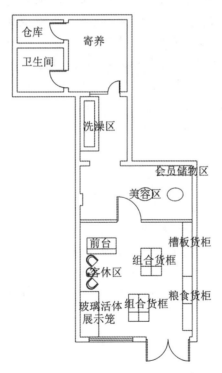

图 6-7-1 店铺装修效果图及平面图

6.经营技巧

(1)提升美容店人气的技巧

①做好技术,让顾客满意。要吸引顾客,必须有自己独特的美容技术,即使没有独特的技术,也要比同行做得更加规范,动作更加娴熟、更加优美。对于初开张的店铺,可以采取一些经

营手段,如街面现场操作、美容作品、获奖作品、图片展示等。

②做好服务,建立良好的客服关系。顾客进店之后,员工要积极与之沟通,通过亲情式的交流掌握宠物的名字、喜好、性情等重要信息。在进行梳理、洗澡、局部修剪的时候,可通过抚摸、与宠物对话等来消除宠物的紧张与焦虑,同时也让宠物主人放心,并给予店员充足的信任。

③做好宣传,开发客户资源。在店铺门口、周边路口、大型住宅区、商场出口等人员密集或宠物数量多的地方派发传单,让人们了解宠物美容店铺的经营项目与特色服务。

④参加行业内举办的各种活动,向同行展示自己的经营实力;参加省、市级甚至国家级别的犬展、宠物秀以及各种赛事,让业内认可自己的实力。

⑤在周边住宅小区举办各种爱犬、养犬知识的宣传活动,借以提升品牌关注度。

(2)制定严格的管理制度

①卫生与消毒制度

a.每天早晚对各个区域进行彻底清扫,犬只美容后及时清理毛发及其他物品,定期更换、清洗工作衣。

b.定期对美容工具、美容室、护理室、寄养室等进行消毒。

c.不同物品应采取正确的消毒方法。如剪刀类美容工具,一般选择酒精消毒;常用毛刷、梳子、毛巾、工作衣等,可选用新洁尔灭、84 消毒液进行浸泡消毒,或者煮沸消毒;洗澡池、地面、犬笼、美容台等可选用 84 消毒液进行喷洒。另外,可安装紫外灯,定期对室内照射消毒。

②宠物接待制度　制定严格的宠物接待制度,给予宠物全面的检查,以免发生意外或传播疾病。工作人员应重点检查传染病、皮肤病以及外伤的可能性

a.观察鼻镜是否干燥,鼻腔、眼睛、尿道、肛门等处有无脓性分泌物。

b.观察犬、猫的体质状况,判断呼吸、心肺功能是否正常。

c.检查体表有无红肿、结痂、瘙痒或跳蚤、虱子等体表寄生虫(如需除虫,应提前向宠物主人说明)。

d.检查体表有无出血、挫伤等开创性伤口。

若有上述情况,应建议主人咨询兽医或到宠物医院就医,以最大限度地保护宠物的健康与福利。

③犬只寄养制度　请参看宠物寄养协议。

④员工管理制度　是对员工行为规范及准则做出的规定,也是检查工作的依据。为了保证美容店各项工作的顺利进行,开店之初,美容店就应该根据工作岗位对服务项目、岗位责任、考勤制度、日常行为规范、奖励制度、处罚制度等做一套完整的规定。比如,上述消毒制度、宠物接待制度等规定,应以文字形式张贴公布。员工一旦出现违规行为,要有明确的处罚措施。

(3)宠物用品销售技巧

①产品展示技巧　不同类别的产品,在摆放陈列时有以下特点。

a.畅销商品:此类产品应陈列在重要、醒目、易见的位置,可添加"店长推荐"或"畅销产品"标识。

b.高利润商品:可选择摆放在靠近畅销品或位置醒目、方便易取的地方,如作为橱窗展示或墙面展示的重点,并明确产品的用途、特性及对消费者带来的利益与价值。

c.促销及广告产品:必须易找且方便拿取,有清楚、醒目的促销标识。同样,陈列的位置将直接影响产品的销售。

d.滞销产品:此类产品归类陈列,以不占用畅销品、高利润产品的重要位置即可。

e.普通产品:可将此类产品分门别类陈列,店员要时常调整此类产品之间的陈列位置,定期检查标签有无脱落,有无灰尘、污损,保持货架上产品的清新整洁,以免被顾客误认为过期滞销商品。

②销售技巧 从推销心理学的角度来看,顾客的消费行为一般可分为四个阶段:注意阶段、产生兴趣阶段、产生欲望阶段、行动阶段(即付诸消费行动)。

销售可从吸引顾客眼球开始,从美容店外海报的宣传到店内活动方案的介绍,以及新品展示、营造节日氛围等,来提升宠物主人的关注度。

顾客进美容店之后,工作人员要耐心回答、向顾客解释关于产品的问题,可将不同种类的物品用途、功效与宠物实际需要结合介绍,比较与同类产品的差异以及会给宠物带来的好处。工作人员可采取一些小技巧来促使顾客完成消费行为。例如,帮助顾客选择,给顾客"二选一"的提示等各种技巧,最终促成购买行为。

(4)业务拓展与经营创新

①业务拓展 宠物美容店在经营过程中,除传统项目如洗澡、美容与用品销售之外。还要按照市场需求积极拓展新的业务。如根据美容师技术优势举办宠物美容培训班,传授造型技艺;开设宠物训练课程,培养宠物定点大小便,学习日常玩耍要接受的简单口令;开展宠物寄养、犬只交易、婚介服务等业务,并可根据情况酌情增加,尽量做相关且专业的项目,增强市场竞争力。

②经营创新 为了在激烈的市场竞争中生存,经营者都要进行技术、销售、服务、产品等各个方面的创新。在造型设计中,除了传统经典造型之外,美容师可以修剪更个性,更具特色,更富有亲和力以及更时尚的另类装扮,以吸引顾客。在营销手段上,可采取促销模式、会员卡制度、积分活动等优惠政策,定期推出促销产品,打折产品、特色产品,定期举办宠物知识讲座与宣传宠物用品,节假日进驻小区进行爱宠活动等。

宠物美容服务的对象是犬、猫等,因此在经营中可以多加入一些犬、猫参与的活动。如举办狗狗秀展、狗狗趣味赛等,以拉近与客户的距离,获得消费者的认同。

(5)公共关系的维护 要经营好宠物店,就要处理好以下公共关系。

①与客户之间的公共关系 建立宠物与客户详细档案,记录每次来店消费项目,了解顾客对宠物服务的需求动向,掌握顾客对宠物美容店服务的信息反馈,如服务项目、价格、造型要求、管理水平等。将促销经营、优惠活动等信息及时通知顾客,保持与顾客的良好沟通与互动,提高顾客满意度以及对宠物美容店的忠诚度。

②经营者与员工之间的关系 工作中应当赏罚分明,纪律严明,认真但不刻板,制造轻松、快乐而又严谨、负责的工作环境。生活中关心员工、爱护帮助员工,创建协作、自律、上进、创新的团队。

③宠物店与政府有关部门的关系 美容店常与工商、税务、公安、街道、卫生、城管、水电等部门有着密切的联系,因此,一定要处理好这些公共关系。

④宠物店与周边商家及公众的关系 搞好美容店与周围商家和公众之间的关系也是至关重要的。要处理好宠物可能扰民的问题,保持好美容店周围的卫生以及周边环境的整洁,避免因宠物店的工作而干扰邻家商铺的买卖。

⑤美容店与同行的关系 保持与同行之间的联系,积极参加业内活动,互相学习、相互提高,并及时了解行业的新进展。

【项目总结】

任务点	知识点	必备技能
宠物店铺经营与管理	店铺选址原则、店铺装修原则、营销技巧	市场调研与选址、确定经营项目及经营模式、设计经营方案、开店手续办理

【技能评价标准】

优秀等级: 能合理为店铺选址,同时制定店铺经营项目;能合理设计店铺装修及店名;能办理相关经营手续并制订营销方案。

良好等级: 能为店铺选址并制定店铺经营项目;能设计店铺装修及店名;能制订营销方案。

及格等级: 能制定店铺经营项目;能制订营销方案。

附 录

宠物美容常用术语

一、犬身体术语

(一)头部

枕骨部(后脑勺)　头盖骨后方上部突起的部分。

头盖(颅骨)　包裹头部的部分。

止部(额段)　位在两眼之间,头盖与口鼻连接部的凹陷。

眉弓骨　眉弓之下的骨头。

卵形眼　呈卵形或椭圆形的眼睛。例如:贵宾犬。

下颌突出　下颌门牙盖住上颌门牙,或向前突出的咬合状。

上颌突出　嘴巴闭起时,上颌门牙落于下颌门牙的前方,以致呈现门齿互不接触的咬合状态。

剪状咬合　当嘴巴闭起时,上颌门牙与下颌门牙前只有少许接触,呈剪刀状咬合。

水平咬合　嘴巴闭合时上颌和下颌的门牙边缘完全咬合的状态。

唇线　嘴唇和有毛发处的分界线。

喉结　咽喉部。

(二)躯干部

下胸线　侧看躯体时的腹部(从下胸到下腹部)线条。

腰部　连接最后一根肋骨和髋骨的躯干部分。

假肋　13 根中的第十一根或第十二根肋骨。

后躯干　从侧面看把身体三等分时,后面的部分。大致指卷腹后面的位置。

前躯干　从侧面看把身体三等分时,前面的部分。大致指肘部前面的位置。

卷腹　躯干的深度在腹部变得非常浅,腹部好像呈现卷起的状态。

桶状躯干　躯体呈桶状,肋骨呈圆状突出。

中躯干　从侧面看把身体三等分时,正中间的部分。大致指肘部到卷腹前方位置。

背线　侧面看犬的躯体时,上方的轮廓线。

平背　背线呈水平的背。

弓背　背线向腰部方向弯起的背。

斜臀　臀部急剧倾斜的情形。

尾位　尾巴长出的位置或其状态。

冠毛　头顶的长毛(贵宾犬的话称为冠毛)。

身高　鬐甲到脚底的垂直距离。

体长　胸骨最高点到荐股最高点水平距离。

方形体　身高和体长的长度相等的躯体结构。

(三)四肢

鬐甲(马肩隆)　两肩之间的背部隆起。肩部的最高点。

弓曲　肩部和膝部等骨骼连接部分(关节)的角度。

X 状肢势(X 形腿)　从后边看,后肢的两飞节像牛一样靠近内侧,后肢骹的下方部分向外侧打开。

O 状肢势(O 形腿)　前肢的两肘向外部张开,前腕部分与肢体及以下部位接近。或者,后肢的两飞节向外张开,腿部靠近四肢。

二、宠物美容术语

拔毛　根据粗钢毛犬的被毛生长长度,用手指或专业的拔毛刀从毛孔处拔掉多余的被毛,用以修饰身体轮廓。拔毛是改良粗钢毛犬毛发质量的一种方法,使用拔毛刀等工具将所有毛发拔除干净。

包毛　将长毛品种犬的所有毛发或者一部分毛发,分成若干束,然后用包毛纸加以包裹,并用橡皮圈固定的作业,可防止松散从而保护毛发。

吹干　使用吹风机,并且辅以针梳或排梳,均匀有效地将毛发变干或拉直卷毛的作业。

打薄　使用打薄剪(牙剪)去除多余的毛发,使毛发变得轻、薄的作业。

倒剃　逆着毛发方向(毛色)来进行修剪。

假想线　假设完成后,把修剪基础的点连接起来的线。在贵宾犬中,是连接耳根前部和外眼角的线条。

剪毛(名词)　泛指使用剪刀等工具修剪毛发,并且做造型。

梳理　梳子梳理犬的毛发,是美容作业中最基本的一项。依据毛发的种类和状态选择不同的梳子,打开毛结和蓬乱处,刺激犬的皮肤,促进血液循环,并将毛发梳齐,使毛发清洁无污。这些是使犬只保持健康的重要作业。

剃毛　电动剪剔除毛发,修整形状。

洗浴　一般所说的入浴。在浴缸中清洗毛发,充分刷洗冲掉脏污,再用护发素加以修整的作业。

斜线　后肢后侧的轮廓线。以膝盖到飞节的线条为基准。

修剪　对各部位毛发进行整理,使犬身体协调匀称。

修剪脖颈　将脖颈整圈的毛发进行修剪。

修剪线　使用电动剪嵌入的线条。

修毛　将毛发末梢修剪整齐,是剪毛的方法之一。

修圆　将脚部周围毛发和冠毛修整成圆形。

匀称　使左右对称,保持整体的和谐。

足线　修剪脚尖时与毛发的分界线。

缺口　两眼之间嵌入的豁口,起到延长鼻梁的效果。

参考文献

[1] 北堀朝治,佐佐佳吴子,岛本彩惠.犬美容国际标准教程(宠物美容师教程).宠物美容专业技术委员会,译.北京:中国农业科学技术出版社,2018.

[2] 原顺造,等.最新犬美容护理手册.台湾:台湾广研印刷社,2005.

[3] 张江.宠物护理与美容.北京:中国农业出版社,2008.

[4] 曾柏邨.爱犬美容师培训教材.上海:AIPTSA 亚洲国际公认宠物培训学校联合会,2007.

[5] 毕聪明,曹授俊.宠物养护与美容.北京:中国农业科学技术出版社,2008.

[6] 曹授俊,钟耀安.宠物美容与养护.北京:中国农业大学出版社,2010.

[7] 崔立,周全.宠物健康护理员(初级、中级、高级).北京:中国劳动社会保障出版社,2007.

[8] 福山英也.家犬美容师的忠告.徐州:江苏科学技术出版社,2007.

[9] 本·斯通,珀尔·斯通.犬美容指南.李春旺等译.沈阳:辽宁科学技术出版社,2002.

[10] 魏海波,潘良言.宠物美容.上海:上海教育出版社,2006.

[11] 达拉斯,诺斯,安格斯.宠物美容师培训教程.沈阳:辽宁科学技术出版社,2008.

[12] 陈晨,王莉梅.图解爱犬美容.北京:科学普及出版社,2009.

[13] 江涛,喻长发.宠物犬的美容护理.特种经济动植物,2002(4):8-10.

[14] 陈昊,程宇.宠物美容新时尚.宠物世界(狗迷),2009(5):15-20.

[15] 孙若雯.宠物美容师.北京:中国劳动社会保障出版社,2005.

[16] 顾剑新.宠物外科与产科.北京:中国农业出版社,2007.

[17] 徐晟,李文平.宠物美容技术和服务进展.中国工作犬业,2009(3):23-26.

[18] 艾琳·吉森.170 种犬美容教程.济南:山东科学技术出版社,2005.

[19]《犬美容师培训教程》编委会.犬美容师培训教程.西安:陕西科学技术出版社,2007.

[20] 孙若雯.扮靓您的爱犬.北京:化学工业出版社,2008.

[21] 伊芙·亚当森.宠物狗美容.北京:北京体育大学出版社,2007.

[22] 何英,叶俊华.宠物医生手册第 2 版.沈阳:辽宁科学技术出版社,2009.

[23] 林小涛.当宠物红娘赚另类钱财.生意通,2006(4):13-14.

[24] 皮耶尔马太,约翰逊.犬猫骨骼与关节手术入路图谱第 4 版.侯加法,译.沈阳:辽宁科学技术出版社,2008.

[25] 贺生中,陆江.宠物内科病.北京:中国农业出版社,2007.

[26] 秦豪荣,吉俊玲.宠物饲养.北京:中国农业大学出版社,2008.

[27] 周建强.宠物传染病.北京:中国农业出版社,2008.

[28] 郭风.宠物殡葬馆.大众商务,2006(4):71.

[29] 陈欣,英晓东.宠物产业:商机在敲门!.中国禽业导刊,2002,19(5):14.

［30］陈楠.宠物市场露出金山一角.山西农业,2006(20):31.

［31］安铁诛.犬解剖学.吉林:吉林科学技术出版社,2003.

［32］宠物图书编委会.选狗养狗全攻略.北京:化学工业出版社,2019.

［33］智海鑫.宠物服装板样制图 200 例.北京:化学工业出版社,2019.

［34］Steven E Crow,Sally O Walshaw.犬猫兔临床诊疗操作技术手册.2 版.梁礼成,等译.北京:中国农业出版社,2004.